愿把余生活成诗

王永光 著

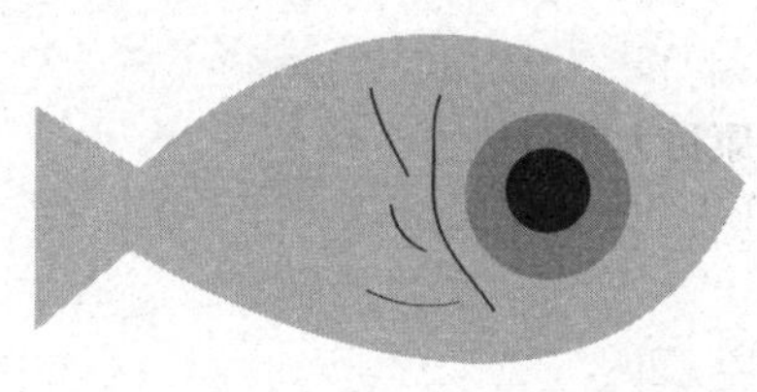

天津出版传媒集团
天津人民出版社

图书在版编目（CIP）数据

愿把余生活成诗 / 王永光著. --天津 : 天津人民出版社, 2019.3
ISBN 978-7-201-14104-6

Ⅰ.①愿… Ⅱ.①王… Ⅲ.①人生哲学—通俗读物 Ⅳ.①B821-49

中国版本图书馆CIP数据核字（2019）第030720号

愿把余生活成诗
YUAN BA YUSHENG HUOCHENG SHI

出　　版　天津人民出版社
出 版 人　刘　庆
地　　址　天津市和平区西康路35号康岳大厦
邮政编码　300051
邮购电话　（022）23332469
网　　址　http://www.tjrmcbs.com
电子信箱　tjrmcbs@126.com

责任编辑　陈　烨
特约编辑　杨　子
内文设计　邱兴赛
封面设计　仙　境

制版印刷　北京华创印务有限公司
经　　销　新华书店
开　　本　880×1230毫米 1/32
印　　张　8
字　　数　120千字
版次印次　2019年3月第1版　2019年3月第1次印刷
定　　价　39.80元

版权所有　侵权必究
图书如出现印装质量问题，请致电联系调换（022-23332469）

前言 PREFACE

“余生”是一个流行的词。

“余生”不过二字，但简单的二字里包含了太多的含义：有对过去错过的遗憾，有对当下不如意的抱怨，更有对未来太多的憧憬。

关于爱情，有人说一生总会遇到一个不能跟自己在一起的人；关于现实，有人说谁的生活不是一边心怀热望，一边负重前行；关于人生，有人说最大的幸运就是活成自己喜欢的样子。余生还长，不必慌张！

本书记录了从懵懂到青春、从校园到职场、从理想到烟火、从青涩到成熟等诸多镜头与故事，而这些故事的主角与配角也许就是你身边的某某。那些镜头，那些画面，都能在现实中找到他们的影子，有可能是你自己，有可能是大多数活在当下的“我们”。

朋友小A，久别重逢，我们喝酒谈天，这个五年前沾酒便脸红的大男孩如今大杯豪爽，杯杯不停，成为酒桌的主角。饭后，他抢着埋单，又拉我们去唱歌，然而歌唱到一半，突然泪流满面，抱着话筒哭得像个孩子。

小A眼下的状况算不错，有房，有车，工作稳定，家庭美满。可是卸掉伪装，还原真实的他，满脸都写着疲惫与无奈。他借着酒意，流着泪，说出了我们想说的话：这不是我想要的生活，这不是我当初理想生活的样子！

当初年少风华，如今一身风雨，成人世界里似乎从来没有“容易”二字，我们都被现实逼成了另外一个样子，甚至是自己不喜欢的样子。电影《无问西东》中有一句台词：“如果提前了解了你所要面对的人生，你是否还会有勇气前来？”的确，这句话是对大多数人的扎心拷问。

人生从来没有回头路可以走，过去再多的错过与遗憾都已无法更改，纠结亦无益处。

那就好好过余生吧！

余生是未知的，因为未知才有诸般可能。余生如同一场戏，有笑便有泪，有爱便有恨。不管处境如何艰难复杂，不管经历何种风雨洗礼，你只需笃定初心，坦然面对，用心努力，把余生活成诗也不难。

星空再遥远，书桌上的花香依然很近、很真实。为深爱你的，为你深爱的，不悲过往，不怨当下，路在前方，且以深情赴余生。

目录 CONTENTS

第一辑：

心怀那份爱的敬意，愿你爱到满城花开，骄傲你自己

我一直希望遇到一个如你一般的人，在这大千世界，于茫茫人海，总有一个路口，在悄悄等待你和我。等待我们没有早一步，也没有晚一步，恰好相遇，然后彼此微笑，开出花朵；眼神顾盼，生出梦想。我们两个都变成闪光的人，心怀那份爱的敬意，天真喜欢，挚诚努力，幸福走到满城花开，岁月长情，与你字字朗读。

第二辑：

芳华向左，芳心向右

生活总是这般五彩缤纷，亦有不可预料的无常；爱情也是这样，每一处环境，每一段日子，可能都会有一个“怪胎”。他们看上去格格不入，常常被人误解，可那往往是他自己最好的坚持。不是他们不接受这个世界的安排，他们只是想坚定执着地为自己安排一次，因为那一次可能就是一生。

第三辑：

每一份看似神经病的爱情里，都有一个“紫霞”，一个“至尊宝”

看过无数电影，故事大多不同，但相同的是，每一场电影我们都会露出最真的笑，流下最真的泪。后来，我们懂得，故事有可能是假的，但感情却是真的。每一个人都活过电影中的某一个情节，每一场电影里也都藏有一个真实的自己。

第四辑：

没有一场爱，不是穿越枪林弹雨

有人说相爱容易相处难，其实每一场相爱也都万般不易。喜欢，只是说说就可以了，但相爱真的要走过千山万水，穿越风风雨雨，才能相携相守，不弃不离。你错过的，其实永远都会错过；你拥有的，一直都是你的拥有。

第五辑：

每一座城市的深处，都亮着一盏爱的灯

这个世界，从来都不会是我们想象中的风景；每一座城市，也从来都不会是我们喜欢的模样。人生给我们出着大小不同的考题，命运跟我们开着黑白不分的玩笑。然而，在一座城市待得久了，你终会找到那扇为你亮着灯的窗，终会得到那个愿意陪你一生的人。然后，你们相互依偎，彼此取暖，将世俗薄凉关在门外，把诗意美满开在家里。

第六辑：

愿你能勇敢到一身骄傲，不平庸

世界很大，你很渺小；生活精彩，你很平凡。可怕的不是渺小，不是平凡，而是一颗妥协服从的心，自卑到习惯怯懦，退缩到自甘平庸。每一棵小草，春至会绿；每一朵小花，风来会开。这世界从来不是坐看才美丽，而是努力才精彩。

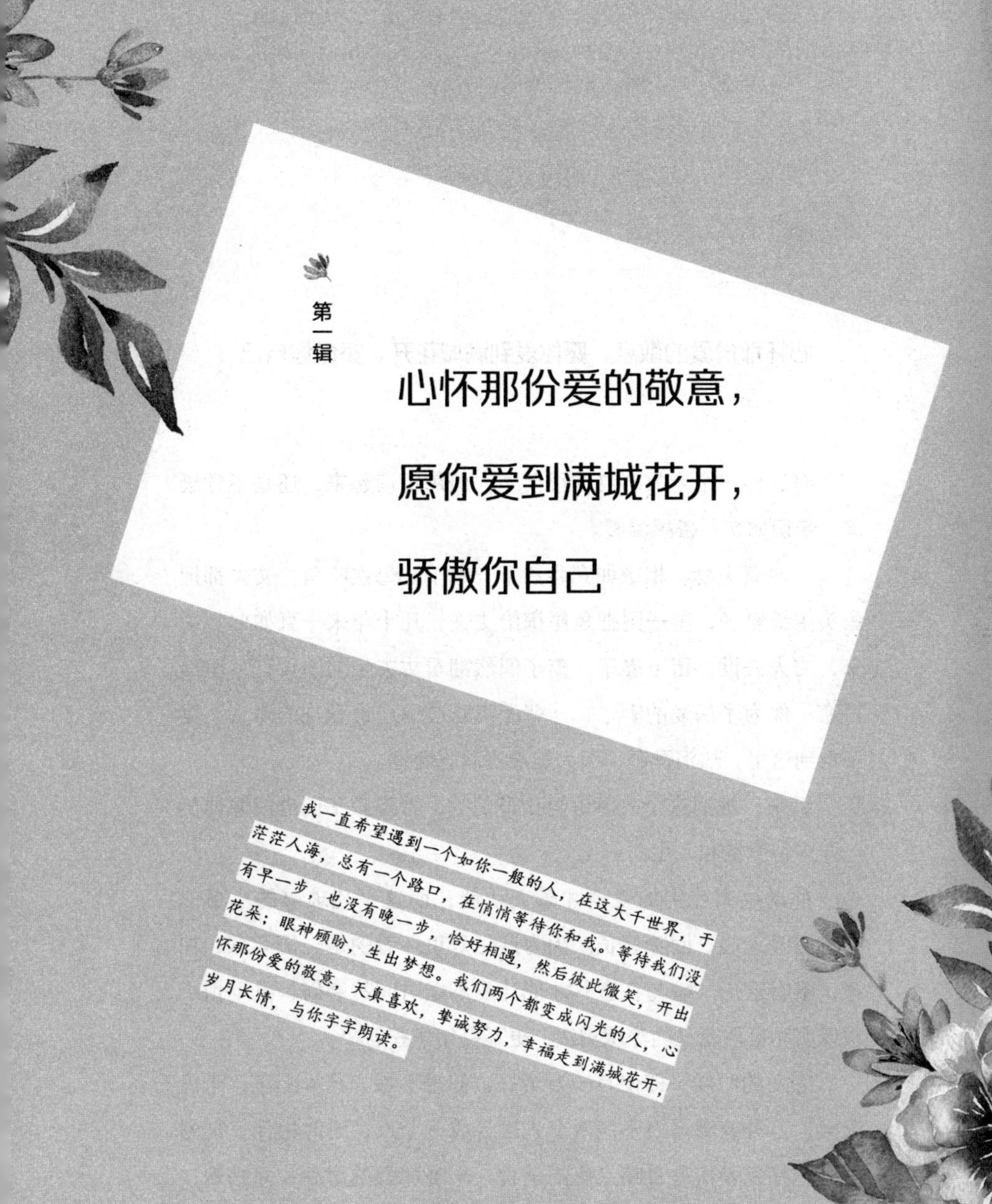

第一辑

心怀那份爱的敬意，愿你爱到满城花开，骄傲你自己

我一直希望遇到一个如你一般的人，在这大千世界，于茫茫人海，总有一个路口，在悄悄等待你和我。等待我们没有早一步，也没有晚一步，恰好相遇，然后彼此微笑，开出花朵；眼神顾盼，生出梦想。我们两个都变成闪光的人，心怀那份爱的敬意，天真喜欢，挚诚努力，幸福走到满城花开，岁月长情，与你字字朗读。

01

心怀那份爱的敬意，愿你爱到满城花开，骄傲你自己

有这样一个老故事流传很久了，但每每读起来，还是不觉厌倦，亲切如初，备感温暖。

一对老夫妻，相敬如宾生活了一辈子。每次吃鱼，丈夫都把鱼头搛给妻子，妻子则把鱼尾搛给丈夫，几十年来一直如此。后来，丈夫去世，留下妻子。妻子偶然翻看丈夫生前的日记，里面写道：他为了深爱的妻子，一辈子没吃过自己最爱吃的鱼头。妻子看到这里，热泪盈眶，因为她最喜欢吃鱼尾。

后来，她把这个故事讲给孩子们听，希望孩子们也能像他们一样对待爱情和人生。

都说生离死别的爱情才感天动地，而这平凡琐碎的小事似乎才更暖人心，回味悠长。因为这份爱里怀着的是一份敬意和在意，唯有这份“敬与在意”才能让爱不惧时间的磨砺，也不怕冷峻现实和世俗苟且的淬炼淘洗，更不畏年华苍老。

恋爱的时候，即使有一万个好，都嫌不够。花尽心思，千般温柔，万种缠绵，恨不能两个人融合成一个人，时时相伴，刻刻不离。都说爱情是贪嘴上瘾的美食，一喝即醉的甜酒；而婚姻，则是那碗烟火平常的清粥。前者让人无畏、毫无保留地盛放；后

者让人淡然、持久耐受地相守。

他和她相识的那年，他们都十七八岁，在一个三线城市的一所专科学校。他们都不是能考高分的“聪明孩子”，他们甚至被嘲笑是“没未来”的学生。的确，他们没有世俗标签的“骄傲”，也没有让人刮目相看的光环，他们只剩下普通的“随波逐流”和简单、单纯的快乐与温暖。

他们不怕，因为该怕的都过去了，还有什么可怕的。那时候，他们吃街边摊、买批发市场的外贸尾单，生活却过得幸福如快乐的小鸟。

毕了业，他们找工作，租房子，换了一个又一个老板，搬了无数次家。不是他们不踏实、不靠谱，而是他们也有生存需要的基本考量，也有需要维护的脸面和尊严：叫你刷了一个星期的马桶，最后还骂你笨得像头猪。没人能忍下这凌驾于人格之上的侮辱。

他们是弱小的，是挣扎的，但也是顽强的。最穷的时候，他们一天三顿买工地附近窝棚里的素馅儿大包子，一元一个，他们买五个，他吃三个，她吃两个。有时候，她两个也吃不完，剩下半个，或者一个，说：“你吃，我减肥。”他接过包子，三口两口塞到嘴里，还来不及咽下去就含混着说一句：“我着急上班，你再去买杯豆浆喝呀……”转过身，跑到公交车站牌下，眼睛肿胀得通红，在心里直骂自己“无能”，让女友跟着自己过这么艰苦的日子。

她没去买豆浆，而是用手摸了摸兜里那个依然还热乎的鸡蛋，骑上电动车，穿越人群，来到单位——单位有免费的热水喝。

那个鸡蛋是他每天早上给她煮的，一天一个，从未间断。外面早餐摊儿的鸡蛋一块钱一个，这对于他们来说有点儿奢侈，不如自己在家煮实惠。而只煮一个是他的坚持，他说：“鸡蛋含胆固醇高，我们家有心血管病史，我怕遗传，到我老了要是得了这缠人的病，拖累你，你肯定烦，所以提早预防。”他开着玩笑这么说，她说他“神经病”，但他一直坚持做这个“神经病”。

两年后，他们分期买了辆车，几万块钱的那种，开回来的那天，他说：“以后我们再被房东赶，也不怕露宿街头了，这车就是我们的家。”那一刻，她想哭，但还是努力地笑着。

六年后，他们颠沛流离、四处漂泊，在邻近市区的一座不足六万人的小城按揭贷款买了一个小两居的房子。

他们结婚了。

一年后，他们的儿子出生了。他更卖力地工作，她在家里奶着孩子、洗着尿布，在网上做兼职。两年后，三年后，五年后，他们的小家陆陆续续地什么都添置齐了。

这天，吃早饭的时候，刚上幼儿园中班的儿子突然把自己手里的鸡蛋举到他面前说：“爸爸，你吃鸡蛋。老师说好孩子要尊老爱幼。”他感动得有些惶恐不安。“爸爸不吃，小帅吃。爸爸还不老，你才是要爱的幼。”

儿子瞪着乌亮乌亮的大眼睛，有些不解地说：“爸爸，你怎么不吃鸡蛋呀？老师说鸡蛋很有营养的。每天中午都分我们一人一个，你怎么不吃鸡蛋呢？我们家是不是每天都只煮两个鸡蛋呀？那明天让妈妈多煮一个，三个，我们一人一个。”

爸爸有些脸红了，吞吞吐吐地说：“爸爸不能吃鸡蛋，我要提前预防。”好像不知如何给一个4岁的孩子解释“预防”是什么意思。这时，妈妈抢过话来说：“小帅，爸爸不吃鸡蛋，你就是煮一百个，爸爸也不会吃的。你的爸爸是一个不吃鸡蛋的爸爸。”

“哦”，小家伙还是没听明白，为什么他的爸爸跟别人的爸爸不一样，是一个不吃鸡蛋的爸爸。

而事实的真相是，每次他独自回老家，老妈给他做的韭菜炒鸡蛋，他都吃得精光，然后说：“老妈炒的鸡蛋就是香呀！”

每天省一个鸡蛋，他就是怀着这样一份心思和坚持。这份心思让他觉得自己心里是踏实的，也充满了某种力量。而这力量叫作：“我一定会努力把这艰难的日子过得一天比一天好，少吃一个鸡蛋，也少不了什么。但多一个鸡蛋的钱，到了关键的时候，就不会做‘一分钱难倒英雄汉’的瘪子。”

他觉得，自己不是一个富爸爸，但至少要做一个努力的爸爸。

不管未来的生活有多么艰难，至少现在他们拥有一个幸福的小家，这比什么都宝贵。他们爱得不奢华、不风光，但他们始终爱得丰盛。因为他们对爱一直怀着那份最宝贵的敬意。

那些年，你我写过的那些信

那些年，路那么远；那些年，你们走得那么慢；那些年，你们也曾那么深情地抵达。

那些年，没有手机，你们写了那么多的信，也收到那么多的信。那些信，是你们分别后最单纯的思念，或者不那么单纯。所谓不单纯，不过是你一直没说出口的那句“喜欢”，然后信写了一封又一封，到最后你还是没说出口，那个人也没说出口。到底，你还是单纯的，或者你们都是单纯的。

古诗中说：“海内存知己，天涯若比邻。”而那些信，也许才是你们彼此最好的邻居。因为你的心里住过某个人，你也曾强烈地渴望住进某个人的心里。

心里住着一个人，是幸福无比的；你住进一个人的心里，也是光荣无比的。都因为那份挚纯的在意，那份在意暖过了你那么多懵懂孤单的岁月。

写信的时候，你是那么专注，一字一划都用尽思念，一句一行都万般含情，希望每一个字都开出花来。这就是你青春的诗行，而你站在这诗行之中，暖意微笑，或者欲语浅羞，都如此可爱。

你学了若干种折信的方法，你选择不重样的信封，你分外认真地把封口粘得牢靠。其实那不过是一张平凡的纸，但你还是像封好了你所有的心事，希望它不差分毫地抵达那个收你信的人的手里。你郑重地在收信人的名字后面写一个“亲启”，就是希望除了你，只有她能打开。

也许，你还去照相馆照了一张穿着仿制军装或者明星同款的照片，扮着不怎么像的偶像神态，将照片挑选好，细心地装进信封，郑重地写一句“内有照片，勿折”，你相信邮递员看到这几个字后会倍加小心的，你相信，他会。

你信，是你的慈悲；他会，是他的功德。世界便如此美好。

那些信，总是纸短情长，写也写不尽，直写了你整整一个青春。有的信，读着读着让人忍俊不禁；有的信，写着写着竟也悄然落泪……那些年，你做了那个最不羁的你，也做了最深情的你。

邮票从8分涨到两角，从两角涨到五角，从五角涨到八角，从八角涨到一块二，再涨到一块五。到最后，没人寄信了，也不用邮票了，邮票成了收藏，而谁又收藏了那些年你写的那些信呢？

能为你收藏的，一定是用心的。你们终会在时光里深情地重逢，然后细说烟火，笑谈苍老。因为有那些信在你们之间，一直开着最美的花朵。

爱让你骄如烈日，也让我卑如尘土

那时候，乡村学校的教室里有一个你，也有一个我。扎着粉红蝴蝶结的你，坐在前排；而我坐在你的后排。

因为总是怕冷，单薄瘦弱的我，总禁不住地流鼻涕。你转过身来，递给我一张纸巾，洁白柔软的纸巾，眼神温暖，好像在说：“能不能做个干净的孩子？”傻傻可怜的我，立马感觉像接过一个春天，而从那时起，我的整个世界都是春天了。但我没舍得用那张纸巾，把它一直珍藏着。

老师提的问题，你总是能第一个回答，响亮又准确，每次都能得到老师的表扬。我也莫名地跟着一起欢喜，替你骄傲。尽管，那只是你一个人的骄傲，而替你骄傲，竟然也能成为我最幸福的事情。

我也想让自己争一点气，和你一样，哪怕只有你的一半优秀，哪怕只能得到一句表扬。然而，我的努力艰难异常，遥遥无期。我曾一度认定，也许自己天生是笨孩子。一次又一次的失败，让我流下伤心的泪水。

你看着我，想说什么，但又什么也没说。你把你的笔记重新整整齐齐地整理了一遍，然后放到我的书桌上。我一下子泪如泉涌……

为什么我不能再多争气一点儿，那样便不会辜负你对我的善良。我为自己的不争气，为对你的辜负而愧到沉默，卑如尘土。

我望着食堂打来的一成不变的饭菜，沮丧地发呆，而你递过来一枚干净、温热的鸡蛋，还有一袋榨菜，只说了一个字“吃”，我的泪便全滴在了手心。

时光不等你，也不会等我。你离开了那间教室，我也离开了那间教室。你考进全城最好的学校，我也有我的归处。

直到那一刻，我才觉得离开你是多么残酷，而有你在又是多么重要。此刻我只是期望，能随时随地陪伴在你身旁。或者，你能随时随地一直陪伴在我身旁。也许我并不配。

此时，我清醒地认识到我是多么不甘心做一个失败者。于是，我发疯般地努力，也努力到发疯。人人都惊讶我是一个奇葩的“疯子”，而只有我自己知道，那是我一个人的清醒，其他都不重要。

那时，我们之间沟通的桥梁只有信，而来往的信都只有一个内容：我对你祝福，你对我鼓励。

终于，我考到和你同一座城市的学校。一座城有多大，我的天空便有多大。而那片天空里，你是我唯一想用尽全力奔赴抵达的目的地。

我可以跑遍全城，寻找你随口说过的一句“你喜欢”；我可以彻夜不睡，查遍所有资料，码成一万字事无巨细的攻略，只因你说过，你很想去那个地方；你说，酷暑难耐，我会找楼管大叔借电饭锅，熬一上午的冰糖绿豆汤，并在楼管大叔的老冰箱里冻上满冰箱的冰块儿，然后用超市最厚的塑料袋，再加上我的棉衣，把冰块和几大保温杯的冰糖绿豆汤包裹得严严实实，最后坐上穿过半个城的地铁，送到你的宿舍门口。

你说："你能不能不这么傻？"我只是害羞地搔着头皮，还像以前一样，对你傻笑。因为，你曾对我的好，我决心用一辈子来还。

你什么都跟我说，说你的开心，说你的不快，说你的糗事，我听得万分认真，却不做一句评判。你只要这样说就好，我也就这样听就好。那些事，与我毫不相干，又好像与我千丝万缕相缠，只因为那一切都是你的。

你说你恋爱了，我惊讶地表示恭喜，还替你"幸福"，而在回去的路上，却自己一个人哭了半座城。

不久，你说你又失恋了，我同样惊讶，安慰着你："趁早看清一个人更好，最好的还在后面。"你擦干了泪水，开心地傻笑。而我，在一个人跑回去的路上庆幸地狂呼，好像天空晴得无比灿烂。

我想，我是一个有病的孩子。这病，也许是：我已早早就喜欢上了你，却从未对你说出半个字。

我是怕、是不敢，怕一说出口，连跟你一起傻乐、傻哭的机会也没有了。就像你对所有认识的人介绍我"这是我幼儿园、小学、初中的同学"，最后的定义是：好哥们儿。

我很喜欢"好哥们儿"这个词，因为可以无比近地接近你；我又很痛恨这个词，因为很难再推开另一扇窗。你有万丈青春的光芒，而我还一直停留在"我喜欢你"的原点。

毕业，好多人分手了。你说，你也分了，并怅然感伤道："怎么所有的爱情都像是短跑，而不能是一场持久的马拉松。"

你说，你要离开这个伤心地，你要去好好拼一番事业，女人不能把所有的赌注都押在爱情上。你说这话的时候，直直地盯着我的眼睛。我慌乱得手心都出了汗，拼命压抑着浑身的颤抖，心里说了一万遍“我爱你，我爱你……”但到最后，却还是变成了信誓旦旦的衷心祝福。

你瞬间落寞的眼神，就像蝴蝶老了，结束了它偶然来过的一生。其实，我不只想说“我爱你”，还想说“我要跟你永远在一起”。无论你做怎样的选择，我都希望那是你想要的最好。

在你离开的那些日子，我除了拼命工作，只剩下一件事：想你。

直到有一天，你半夜打来电话，你说：“南方的冬天其实比北方的冬天更难过，因为没有暖气……”最后，你竟然说：“我想你！”

我听得泪落如雨，哽咽着说：“我也想你……”

到最后，你苦笑了一声说：“好了，玩笑开过了，心里也舒服了，记得各自好好的活。”

我说：“好，我们都好好活。”

同学大武结婚，我们都收到请帖，也都惊讶万分。大武，情商很低，也一直没有谈恋爱。在婚礼现场，我们得知真相，大武和小薇一见钟情，三个月闪婚。为爱情疯狂了，幸福的表情都流着蜜。

婚礼也分外隆重、讲究，一共两场，一场中式，一场西式。中式婚礼上，大武和小薇的父母都被婚礼主持弄得泪流满面，大武和小薇也都掉下了眼泪，但到最后还是满脸的开心幸福。西式婚礼上，高大肃穆的教堂里，神父庄重而职业地念着主持词。

神父面向穿着一身像模像样西装的大武发问：“周世武先生，你愿意娶李艺薇女士为妻吗？无论她是贫穷还是富有，健康还是疾病，你都愿意不离不弃一直在她身边吗？”

大武傻呵呵幸福地笑着说：“我愿意。”底下，一片欢呼。

神父又慈祥地转向小薇：“李艺薇女士，你愿意嫁给周世武先生为妻吗？无论他贫穷或是富有，健康或者疾病，你都愿意不离不弃一直陪在他身边吗？”

小薇幸福而深情地说：“我愿意。”底下，又一阵欢呼声。

大武的婚礼结束了，你喝多了，我也喝多了。我说：“你还去周游世界吗？”你说：“该去的都去了，世界那么大，我的翅膀毕竟小，不想去了，累了。”

你说：“那你还等吗？真要等到全世界都变成女的向男的求婚吗？”

我说：“我不等了，我也等累了。”

你说：“那你肯娶我吗？”

我说：“肯。”

你说：“那你能说句‘我爱你’吗？”

我吞吐半天，憋红了脸，还是没能说出口。我说的是：“我要永远和你在一起。”

你说：“那应该再加上点儿内容：无论我是贫穷还是富有，健康还是疾病，你都愿意不离不弃一直在我身边吗？”

我说：“愿意。”

爱能让你骄如烈日，也能让我卑如尘土。幸运的是，我们终于做到了那个真实的自己，也收获到了漫长岁月、铁树开花的欢喜。而更多的朋友们，你们的青春，你们的爱情呢？

愿你一心向心，然后大胆说出那句“我爱你！”

为什么现在的世界，有那么多的前任

为什么现在的世界，有那么多前任？是我们不太忠于爱情了吗？还是我们越来越忠于爱情，而不肯忠于自我？或者是，忠于爱情的人从来都少之甚少。

《诗经》那么美，爱情那么美，“执子之手，与子偕老”，一字一句都让人觉得无比美好。但是不是因为这种美好从来就少，又那么难得，所以才被经久传唱；多少人一边幻想着“遇一人白首，择一城终老”，一边将就了世俗的婚姻。

世事的确如此。世界上从来没有完全合拍、如神仙眷侣般的两个人。神仙只是神仙，我们都是凡人。而平凡人的爱情，向来都是“烟火琐碎事，持手作羹汤”。

美好、放着光的爱情，也许只属于短暂的青春。而在那场青春里，再彼此深爱的恋人也会闹别扭；世俗生活中，再相敬如宾的夫妻也会吵架。

爱情的本质，无非是“见色起意”，然后“日久生情”。所谓见色起意，即是相互的好感。而所谓好感，本质上不过是生物性的相互吸引，并没有传说中“一见钟情，怦然心动”那么伟大。所谓日久生情，即是相互吸引、相互习惯的过程。而这过程就是你们之间最美好的时光，也是你们要经历的真正的考验。

太多人在突然之间发现彼此没有了曾经的美好。因为你们没有了最开始的那种心动，也没有了连牵手拥抱都能脸红一上午的幸福、兴奋的感觉……那种感觉，因为稀有、短暂，并且同其他人不会再生，所以才令人万分怀念。

平常的日子里，有时候一点儿小事就可能让你们闹得不可开交，然后有一天，你们可能会因为一件芝麻绿豆大的小事分手了。

其实让你们分手的不是那件小事，这只不过是一个借口。分手的真正原因是，你们已经彼此厌倦。

有位名人曾说过："太多的爱情不是败于年少无知的错过，而是败于终成眷属的厌倦。"我深深地记住了这句话，因为这句话不只属于他一人。

饮食男女，不过如此。背后还有更庞大、现实的世界等着你们。

你希望他能更爱你一些，你也希望他能做到所许诺的一切，尽管这一切可能有一部分起初并不是你想要的，而是你的家庭或者只是世俗的规则。发展到最后，就变成你认为的他没有去努力，没有竭尽一切可能地去努力，比如房子、车子、彩礼、钻戒的大小，婚礼的排场。这一切，让他心力交瘁，因此早已没有那么多的耐心来好好爱你了。

又或者她也没有像当初遇见你时那般可爱、懂事了，也没有初遇时那般温柔、黏人、撒娇，那时的她委屈倔强的样子，都那么可人疼。

你们终于都不可能像当初那样无所畏惧地去爱一个人了。因

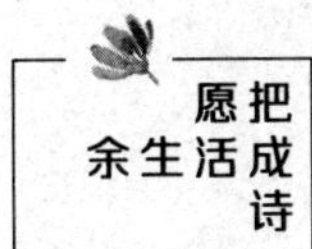

为毫无畏惧地爱一个人，并一直坚持下去，即为绝唱。而绝唱多数都在书里，而不在身边。所以，太多人沦为了前任。

只是不管最后结局如何，是你有了更好的幸运还是你和谁将就了，你们都要谢谢那个陪你走过一段旅程的人，最起码，当时的你们都是真心的。

愿你不能忘却，但能释怀；愿你如若没有遇到最好，但能坦然“将就”，有一份“日久生情”的终老……

05

你人生的“第一封情书”是否被辜负

你人生的第一封情书，是在哪一年？

芳华印刻、流年情愫，都结成了记忆里发光的茧。那时年少，时光缓慢，慢到只剩下你和我的遇见。那遇见，是青春爱你的无限。枝儿发芽，草儿吐翠，花儿笑颜……世界单纯到如此美好！

你是那么自然的又悄悄地有了自己的喜欢。那喜欢，是那么简单，那么甜。那喜欢，未经世界的风雨，也未历岁月的苍老。你只顾着单纯地喜欢，只因为是初心，所以才如金子般宝贵。

就算你日后经历了太多人间冷暖，就算你以后老到只剩下钟摆上的时间，你依然会记得那时你偷偷发烫的脸。

那时、那年，你写的那封情书，寄出去了吗？是否送到了他（她）的手边？还是悄悄塞到了他（她）不经意翻看的书里？

只是结果又如何呢？是你们从一纸表白走到了永远？还是他（她）一直都没有发现？还是他（她）只是假装没有看见？还是到最后，他（她）给不了你要的喜欢，而把他（她）的喜欢给了另外一个人？

无论结果如何，那又如何呢。那喜欢只是喜欢，是你青春里最盛情的一次花开，也是你芳华里最真诚无邪的耀眼。

不管你的第一封情书有没有被辜负，你终不会被这一生的时间辜负，时间不会慢待任何一个懂得深情的人，你终会被它温柔以待，并且教你在以后的爱里，更加认真，更加勇敢，也更懂得珍惜。

青春年华里“我爱过你”这件小事，不过是几何人生中的一个点；而写出的那第一封情书，是你青春最美的标记。

世界广阔，漫漫人生，你们终会遇到一个更爱自己的人，就算没有比你第一次时更心动，但你终会更饱满地去爱一个人，也被一个人爱。

每个人都有被宠爱过的青春，也用真心去宠爱过一个人。那封情书，终于香染年轮，记得那时你们都只是“小孩子”。不念去日苦多，只待来日方长。

愿你做那个永远闪着光的女子

平凡的城市还是和昨天一样，没有什么重大的事情发生。平凡的时光里，太多人忙着各自重复的事情，而你却安静执着地用心做一个特别的女子。

一个闪着光的女子，不一定是貌美如花的，但必定是有着不一样的气质。书卷气也好，艺术范儿也好，总之是带出与旁人不一样的光芒来。不似泛众的烟火男女，只是一味地计较世俗，而是翩然如惊鸿，幽然如暗香。

她可以不是一座城市里最美的，她不穿最奢华耀眼的名牌，但她的衣着却总能穿出最靓丽的风景来，极简轻奢之下，常常透出不凡的光彩。因为，她不必靠这衣装来缀饰自己的风光，她本身就是带着光芒的，而衣装于她，从来都只是搭配的道具而已。

她从不化浓妆，或者基本不化妆，素颜如水，也能胜过众多脂粉。轻妆简行是她的秉持，因为她本身的隆重，不需要那么多的零碎来拖累一个轻盈如蝶的灵魂。

因为她就是如此特别。这特别终有一日会被人刮目相看。这特别也终将为她赢得一身的光辉。

有人总是抱怨生活的环境太小，圈子太有限，一生还能有多

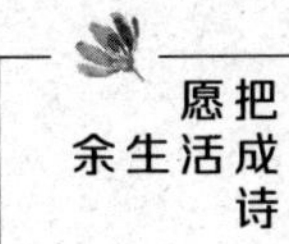

大作为？而其实限制和约束你的，从来都不是环境和圈子，而是你有没有一颗勇敢飞翔的心，有没有做一个特别人的决心。

捆住你的，从来不是平凡的生活，而是你会不会在这平凡之中，用心而努力地生出自己的翅膀。

那翅膀迎着风，闪闪发光。

如果你没有嫁给你爱的人，那你嫁给了什么

你们曾如此相爱。而如今，只剩下“相爱过”，人生的一段回忆而已。这世间，两情相悦的爱情总是这样，不是太少，就是太短。这是一件很奢侈，也很令人心疼的事。

两个人相互倾慕、相互喜欢到交付一切的地步，然后甜蜜地相爱，也必须艰难地面对这个世界的种种。

初时，你们只不过是想好好地简单相爱；最后，你们却不得不为这简单活出了那么多复杂，付出了那么多心血和眼泪。

唯有勇敢，成为你们之间最后的坚持。而又有多少人，到最后勇敢到没有了力气。如果，你最终没嫁给你爱的那个人，那你嫁给了谁？

也许，在长久的伤痛和世俗的压力之后，你嫁给了门当户对的生存、生活必需的选择。也许，你遇到一个好人，他疼爱你、照顾你，你就嫁给了这个疼你的人。

但你一直清醒地知道，不管是门当户对，还是照顾疼爱，那都不是爱情。爱情，是两个人说不清什么理由，却那么轰轰烈烈地相爱。而门当户对也好，照顾疼爱也罢，你只是让自己不那么孤独。

生命本来脆弱，可能人有时候最怕的不是没有爱情，而是孤独。孤独，有时候真能把一个人杀死的。因为，在这世界上，你总要为自己保持一些温度。

只是，不管怎样，爱情只是你们两个人之间的爱情；而婚姻，是你们相互的交换：娶是责任，嫁是承诺。

你们不去想“爱情”那么奢侈的东西，也可以把日子过得生机盎然、红红火火。什么样的婚姻到最后都是一样的结果，柴米油盐，生利计较，儿女情长。爱情，不过是最漂亮的那个“标签”。

这一生，曾经相爱过，而后也能好好的生活，上天已对你不薄。你终会是那个最好的自己。

今生若有真的爱情，唯愿不负如来不负卿。

08

老同学，致我们终将逝去的青春

有人悲叹“终将逝去的青春”，光阴易老，有人怨艾当下苟且的生活。然而每一场经历都是你自己的，你善待它，它才会善待你；你阳光，它便微笑；你报怨，它便晦暗；你放开，它便辽阔；你勇敢，它便向上。所以，每一场青春都是自己最好的。

有人说，那时候傻傻的，太单纯了。单纯又有什么不好呢？正是因为你活在一个不单纯的当下，才怨怼当年的单纯，那毕竟不是真正的嫌弃，只是笑自己当年只是个孩子。

谁又不曾是孩子呢？换个角度，正是因为成人世界的复杂与现实社会的薄凉，才衬托出那些单纯的可贵。最真实、最负责任的人生，往往是历经千辛万苦追求的最简单、最单纯的幸福。所以，单纯，是万分宝贵的！

光阴的记忆里，年少时光，满满都是青春无邪的味道。每个人的青春都闪耀过耀眼的光芒。

你心怀美好的理想，你万丈豪情；你一身的义气，或者与最亲密的伙伴惺惺相惜；你勇敢地追求，或者默默喜欢一个男孩（女孩），这都是你一身光芒的青春。

时光会记得你：曾那么可爱！这也是一生中最美、最珍贵的芳华。

尽管你活在当下的这个世界是不屑于单纯的，甚至会嘲笑、欺骗单纯。但单纯本身并不懦弱丑陋，丑陋的只是这个社会的功利和欲望。

功利永远不会是这个社会的全部，因为一直有阳光融化冰川，花香弥漫四季。你逃不开这现实的世界和生活，但总有你爱的，也有爱你的，这都是值得的。

愿你的单纯，一生为爱你的人长留；也愿你的成熟让你免受世俗伤害。

“傻人有傻福，好人会有好报”，这些不是哄骗傻人的妄语，而是教你更勇敢、更坚强地面对这世界的庞大、冷冽，然后努力活出自己想要的温度，也活出自己的精彩。

较起真来，谁又比谁傻多少呢？大多时候只是不计较。所以，好人万岁，好孩子万岁。

终于逝去的青春，那些花儿，它们已经被风吹走，散落在天涯，但那也必是人生恢宏壮丽的画卷；昨日、当下、未来，每一程都是。只要你是那个努力的孩子！

那些花儿，你们都老了吧。老同学们，你们都在哪里呀？愿你们都过得好，用最好的当下向终将逝去的青春敬礼。愿你的单纯终将收获幸福的温度，愿你的成熟加持一身的光芒。

愿你此生是最好的一生！

09

晚点儿遇见你，余生全是你

时间染满四季的颜色，你在这晚秋的一个角落寻找片刻的歇息与宁静。这宁静使你忘记了全世界，而他成为我的全世界。

四月的风从窗前经过，捎来了青草的味道，也捎来了花香，唯一没有捎来那个人的消息。你习惯在每天工作的忙碌和生活的重复开始之前，先想他一下。

人生是一场未知的大戏，你永远不知道下一幕的剧情将发生什么，但你清晰地知道，他一直出演着你内心世界的主角。

他曾是盛开在你素时锦年里的欢笑，还有他在青春雨季里流下的眼泪，一直都写满了你记忆的墙。有时在早春柳丝吐黄，有时在盛夏满树葱茏，有时在晚秋一地金黄，有时在深冬遍野银雪，四季总有他的影子。

或者，他是这平凡的日月当中，白天里你偶然回顾，似曾相识的那个背影；抑或是你在长夜孤守时，抬头望见的那颗闪亮的星辰。如此这般想一个人的时候，你就变成了这样一个孩子。

只是你想他了，你不停地翻看着那些年他写在QQ空间里的心情，虽然早已多年未更新；他是为这个世界的诸多精彩，有了一个需要更努力的诗和远方吗？还是被这个追赶繁华的世俗忙碌俘虏了初心。你一直都想不明白。不过，只要忙着，总是好的。

你慢慢清点那些年他留下的踪迹，那些开心或者落寞的心情。然后选择一个人安安静静地听那些他喜欢听的歌，或许，那些歌他现在已经不喜欢了。只是你依然喜欢。他会像你想他这般想你吗？或者偶尔，或者根本没有。

都说年轻时不懂爱情，也许是对的，那时候只顾着恋爱，从未认真地思考爱情，开心了就在一起，不开心就闹分手。直到慢慢长大才清醒地明白，原来真正的爱情不是一见钟情，也不是排除孤单的相互依赖，更不是一时冲动；也不是什么门当户对，只需两两合适，一起过日子。婚姻，总是让人心怀着某种幻想，或者是期望，然后一旦走入，你得慢慢学会放下一切的奢念。

也许你们走过几年，甚至若干年，突然清醒地发现，当初的决定实在是一个年少无知的错误，不是房子住得太小不开心，也不是车子不够豪华开得卑怯气短，而是你觉得你们根本没有那么相爱，也没有那么合适。

三观不同，鸡零狗碎的小事也能吵到天翻地覆，而当初曾经说过的那些所谓柔软的情话，更像是另有所图，禁不住时间的推敲。你努力地想将错就错，却发现越来越真实的是无望而绝望的痛苦，它就如同牢笼一般，没有温暖，也没有明天。

你们迫于世俗压力，可能分开了；或者因为难舍孩子，就这般将就着过下去。懂得退让与牺牲，成就了另一种伟大，被别人看作是欣慰的成熟。只有你自己知道，咽下了多少无奈的苦涩。

而真正的爱情，不是你们如火如荼地爱了一场，甚至疯狂地去流浪，而是你们一起经历风雨之后，仍能不离不弃；真正的爱情，不是你们擦出闪亮火花的温柔对视，而是你们对生活和未来，始终朝着同一个方向。

你的工作与生活依然忙碌、重复，你希望更忙碌一些。因为你决定从明天起，不再想他了。愿你的一切如你所愿而美好，如果不好，愿你放下一切，勇敢做自己。

尽管千山万水路，你还是孤单。就算你的倔强早已风干，但初心却依然保持柔软。当你看着“爱一朵花不会问它开多久，等一个人不会问他多久来”这句情话时，突然潸然泪下。

这世间有那么多刚刚好的恋爱，也有那么多刚刚好的婚姻，唯有刚刚好的爱情，有点儿难。一切浮光掠影，就算灿若烟花，还是不能永久为你亮若星辰。

所以，你想对他说：“但愿，晚点儿遇见你，余生全是你。但愿，你能遇见这么一个刚刚好的人，然后不那么快的、慢慢苍老，也慢慢幸福……”

10

今生忽来，只为遇见你

我是穿越星河的一粒尘埃，偶然来到这个世界，与你相遇。在没有你的那么多光年的旅行，我从未知有你；遇见你，我才知广袤无际的星河，有这样一个你。

世间的感情，有一种是心怀向往，却寂寞飞行；有一种是花开在寂静处，只为深情到来；而最美的，还是你与我的相遇。千年寻找都未知，一刻竟能全明白。

天空，划过云流浪的踪迹；枝间，停着鸟儿的歌唱。这世间苍白的忙碌，谁为谁努力地幸福，谁为谁不计代价的辛苦。一个“爱”字，让人尝尽甘甜，也尝尽眼泪。

我只是那个刚好遇见你的人，在平常的路口，和你打一声温暖的招呼：“嗨，原来你也在这里。”“嗯，是，我刚好也在这里。”

我曾那么努力向往美丽，也向往幸福，然而生活却总为自己结出不完美的果实。我怀抱这不尽如人意的果实，常常孤独地认为，我只能拥有这些。而我内心开过的花，谁在意过它的美，谁记着它的香。而如今，你来了，我才又有了努力盛开的冲动。

人说，最美的只有一次，但常常交给了不可预料的荒唐，而我愿开上千遍万遍，每一次，都是我独一无二的最美。

滚滚世俗洪流，万人不屑。只为你一个人的在意，我愿低到尘埃里，用全部的力量开出最美的自己。

11

你的青春，总会有一个人为你记得

年少的时候，你曾梦想有一天能穿上漂亮的高跟鞋，走过一路美丽的风景，也把自己最美的时光走成一道美丽的风景。你最美的时候，便是人生当中最好的自己。

可是，当你真的穿上了那双高跟鞋，已是你经历了人生风雨，慢慢看清生活本相的年纪。你突然有一天是那么怀念你十七岁时穿过的那双白球鞋。

时光不待，流年散。原来，我们总是在经过之后，才发现原来的自己有多么可爱，多么美。因为那时候，我们比现在更天真，也更用心。而当下，我们只是不停地忙碌。

也许平凡循环往复的生活从来都是一杯水，颜色和味道只有靠自己不断地添加和改变，才有了不一样的我们。

一些风光荣耀、美丽幸福要靠足够的物质去装扮，然而永无止境，或者也会乏味。唯有一颗不被世俗完全熏染的优雅之心，才可以让自己永葆一份青春的活力。

人们常说："天下没有丑女人，只有懒女人。"其实，生活也是一样的道理。没有完全糟糕透顶的生活，只有糟糕透了的心态。

一束小花，它不名贵，同样能开出美丽的花朵，你用心培育，你喜欢它，自然也能获得一份美丽幸福，如此健康，如此阳光。你的笑容必然也美。

青春是一本太仓促的书，有美丽，也有淡淡忧伤。你年少时欢笑泪雨，直到后来，你长大细细怀念，满满都是温暖爱意。你喜欢过谁，谁喜欢过你，都会在心里一一记得，或者有一个人为你记得。

这场旅行，不只有春暖花开，还有风雨艰险与沉重，酸甜苦辣诸般滋味，你都要一一品尝，人生才积累出厚度。

世界那么大，原来我们终将和一些人隔着流年光阴，隔着千山万水，隔着一座城。人生之城中有太多人，说过一句告别后，再没有在人潮里有一次擦肩。

只是，那一天，某一天，我想起了你。也想起了当年的那个自己。你是不是，也会。

茫茫人海，我与世界只差一个你

这世界如此忙碌，如此精彩。一些人疲惫追逐，一些人享受繁华。

而我与世界，还只差一个你。你是来自哪个星球，写着与我相遇的密码。我飞过哪片云彩，才看到你这盛放的光彩。草青花香之际，你像只蝴蝶，张开翅膀，幸福地扑闪，寻找着最甜蜜的花朵。

世界如此庞大，庞大到人们急于安一个小家；那个小家如一粒沙在沙漠，如一滴水在瀚海，却有着方寸炽热的温度。

我们都是茫茫人海中小小的那一个：一直成长，一直飞翔，看见彩虹微笑，也看见风雨哭泣；太多人奋力奔跑，也经常跌倒；脸上偶尔有放肆的欢笑，也有倔强的眼泪。小树苗经历了寒风暑雨，渐渐长成参天大树，努力结出幸福的果实。

我与世界，还只差一个你。我走过万里，你也走过千途，到底是平行的两条线。擦肩而过的追赶，只是一眼的距离，却像是隔着千年万年。

电脑的画面总是停留着往去与未来，唯独没有最合适的当下；手机的两端，总是睡着各自寂寞的人；刷屏的微信朋友圈，总是拥堵着那么多不相干的事。

我与世界，还是只差一个你。小鸟飞累了，停在枝头梳理羽毛；回首望望万水千山飞过的路，垂颔想想还有多少远方。花儿点头微笑，又是一春，我与来年是否有一个约定。踏过芳迹，流连只是惹醉了秋风，痴情徘徊，到底是落尘的衷肠，谁又不是江湖客。

漫天星辰，我与世界，还是只差一个你。我来自何方，你将去向何处，原是命运做的主。我们只是在这星河之中不断穿行，留下一眼的光迹。流星雨，是一场集体的逃亡。

一滴水的旅程，是穿越雪山，滑过巨石，汇入湍急逐浪的奔流，流过江河大地苍茫，去找家的方向。鱼儿与我为伴，水草缠绕，痴守亘古的歌唱，而你我却一直渴望着长出翅膀。

我与世界只差一个你，因为是你，远一点儿也没关系；我与世界只差一个你，因为是你，晚一点儿也没关系。

白羊座男生那么深爱双子座女生

昨夜，星河清浅，微风拂过，心头的惦念又悄悄醒来，从朦胧到清晰，是你微笑的脸庞，如花一样缓缓盛开……

手机里的大提琴名曲静静流淌，从那个小小的芯片一直到我柔软的心上。歌曲《红雪莲》轻轻诉说着关于一个男孩儿和一个女孩儿的故事，有笑、有泪、有爱、有伤，黏稠的思念就这样又一次在红笺素墨里洇染开来，艳如夏花。

抛开白日里的尘嚣积倦，用这份淡然的清寂和着音乐洗涤心灵，感觉有时候世界在安静中才是最幸福的。

指尖的微凉，让我忍不住再去拨弄那些易燃的文字，为你我之间点亮一个童话，靠近你，也温暖我。

《红楼梦》是我一直在读的书，我想我也是一颗寂寞的石头，只懂得一字之痴，无才补天，枉入红尘。看俗世里的庸浊污碌种种，蒙了太多人的眼，却蒙不住一颗玲珑纤巧的心。揣着梦的心灵挥着翅膀，痴于飞翔。因为天边有一个爱你的或惦念你的人为你描画的彩虹。

此刻，窗外夜凉如水，月色是一抹淡淡的忧伤，星子们闪着扑朔的眼睛，不知道有着怎样的心事，织女牛郎又在河的两岸诉说着怎样的衷肠？

想那年，我们年少的样子，有些傻，有些可爱。教室窗外的槐花开了，一树的晶莹洁白，香透了整座校园。鼻翼翕动的瞬间，一脉馨香蛊惑了那时我们寂寞的青春，微侧的眸子里，便有芳气袭人的朦胧盛开。

那时的我们天真可爱，却又笨得不懂如何开口，你说有多可笑。直到你真的走了，我才傻傻地追悔莫及。只是有时候这傻傻的爱恋似乎比热烈的亲吻更让人情牵梦绕、念念不忘。

因为那份真深深地植入心田，日渐茁壮。尽管“我爱你”那三个字已如落花，飘零在那个不会回来的秋天。但却有一枚沉香印在心上，在每一个想起你的日子里，像个孩子般专心地洗涤，新鲜似旧年。

那年，一个白羊座男生那么深爱一个双子座女生。年轻的时候，以为那只是一段感情，后来才知道，那其实是一生。

那年，真的不该那么匆匆地远走他乡。可是又有什么办法，一个还未成年的孩子，能够左右的东西毕竟太少，不得不随家远迁南疆，况且又有谁会在乎一个孩子的感受呢？本以为一切都会过去，然后忘记，却终难摆脱这也许是写在命里的宿缘。

现在，每一个下雨的日子，白羊座男生总会安静地守在窗口，望着窗外飘着的雨丝，惆怅满怀。因为双子座女生曾对他说过：每一场雨都是云彩的心碎了而飘落下来的哭泣。

以前白羊座男生不信，以为那只是一句玩笑，而现在他信了，信得那么坚决，那么不可动摇。

白羊座男生对自己说：假如时光能够回转，我不要很多，只要能回到1992年就行，回到第一次对双子座女生心动的那一个午后。他一定会对她说出那三个字。

白羊座男生联系不上双子座女生，所以把想对她说的话写出来，希望双子座女生能够看到。联系与否也许都已不再重要，重要的是能够看到也许会惦记一辈子的人的那颗心同样寂寞、孤独。

生活中也许平坦的路真的太少，无论事业的机遇还是爱情的缘分，从来都少有坦途。没有一路的草青花香，也没有完美如愿的繁花似锦。一切遇到，都是意外的惊喜；一切分离，也都是猝不及防的无常。只愿在那个属于你的窗口，我曾是你的一米阳光。

还是那句话：希望你的一切都好！尽管一切都不可能那么尽如人意，但要记得好好努力，无悔也可以心安。你说是不是?

人生一转即逝，但愿你在云淡风轻里嗅自己生命的花香……

每一份倾城之恋，都写着“我愿意”

人人都渴望遇到最美的爱情：遇一人白首，择一城终老。你可能就是我一眼便喜欢上的那个人，而我是不是恰好也是你喜欢的那一个呢？如果是，那该多好！

这样的事，在影视剧里应该是常见的镜头，所谓一见钟情，是两个人相遇最幸运的美好。因为是电影，又因为是最幸运的美好，所以到底难得。也正因为难得，才更让人渴慕，万分宝贵。

一眼之间，我便觉得你是我心中一直盼望的那个人。感觉不是万分的欢喜，而是莫名的温暖，一份想靠近的、慢慢的温暖，心里、眼里都只有三个字：我愿意。

那份喜欢，不是我在别人面前一向孤寂地安静，或者随波逐流、傻傻地无心欢笑，而是愿意在你面前低到尘埃里，羞怯、温婉，如一个孩子。

爱，其实就是愿意为你变成一个孩子。

一个孩子，当然是可爱的，也渴望得到同样的宠爱。宠爱，是爱的开始，也是爱的延续；没有了宠爱，那爱，也许只剩下了一个名义。宠爱，是开在你们之间最美的花朵。

我们走过千万条路，可能才有了这一次相遇；我们走遍千万座城，也许才能见证相爱。而相守，只须一条路、一座城池便够了。从外出到回家，愿每一次都是爱的往返；从年轻到苍老，愿每一天都是温暖的陪伴。

终有一天，我们都会老得不成样子，只要身边依然是你，就好。像小城街道古老苍翠的大树，经历时光风雨，依旧茂盛葱茏；像院子里当年你种下的那棵石榴，每年开花，红艳生动，每年结果，都有一树爱的丰盛；像房前、墙角不起眼的小草，几春几秋，都来眷顾我们的平凡。

烟火世俗，名利追逐，谁谁谁升了官，谁谁谁发了财，风光荣耀，豪奢气派。你可以羡慕，可以努力，唯独不要嫉妒、叹气、自惭、自囿，总觉得不如人，总觉得运气不好，这样只能是自寻烦恼。谁谁谁住着宽敞豪华的大房子，谁谁谁又换了耀眼的车子，谁谁谁每天穿的都是上千上万的名品大牌，喝多少钱一瓶的酒，抽多少钱一包的烟，这种攀比似乎永无止境。人外有人，山外有山。

这些都是贴在世俗面前的鲜亮标签，有人靠此获得艳羡、赞叹，有人靠此获得机会、名利，或者一份门当户对的婚姻，而没有人仅靠此一项获得那份至美的爱情。

至美的爱情，是你甘愿，我也甘愿的。这甘愿是由心而发，而不是利益交换。利益交换可以皆大欢喜，唯独不可以心照不宣。多少利益伙伴，当面艳若桃花，转身叫骂世态炎凉。

没人愿意情感掺杂了利益，一切服从和妥协，包括迎合，只为换那一份“值得”。“划算”可能是世人永远趋之若鹜的聪明之举，“聪明”倒不可恨，只是有些“聪明”实在令人作呕，或者自己偶尔也会恶心。

这世界从来都不缺少真金白银，缺少的只是“真金不变的心”。如果你们之间有一份真心似金，那么你们定会平安走过这一世，幸福走过这一生。风雨坎坷、世俗艰辛，都无所畏惧，年华苍老，也能坦然安心。因为你愿意。

你在那座城市，还好吗

我守着电脑屏幕的窗口，在这里看世界，在这里忙碌，也在这里喜乐悲欢，只是这世界里唯独没有你。

你还好吗？亲爱的朋友，我们已失散多年。失散以后，你有过哪些欢笑，有过哪些眼泪？你是不是有诸多很无奈的辛苦，你是不是常常累到无力地孤单？也许你陪一帮同事八卦嬉笑，嬉笑过后，却一个人孤单地挤上地铁，周围全都是陌生人。你的孤单穿越这座城市，也穿越你时光痕迹里的人生。

回到寄租的小家，你想找一个人说说话，到最后却发现那个可以说话的人，只能是你自己。你跟以前的你说话，你跟未来的你说话。你对从前的你说：“你怎么这么倔强呀？哈哈，你倔强到连我也都佩服你。”你对未来的你说：“如果你继续这么倔强，你是不是会过得更好呢？”到最后，你给自己一个苦笑，命运如此，也许一切美好的都不是在某个起点，也不是在某个终点，而是在路上。

春天已盛装登场了，花儿努力开放，草儿抖擞绿意；风唱着情歌，雨也敲打起幸福的鼓点，而当初我为你唱的那首情歌呢？它老了吗？我们是不是也老了？

庞大的水泥森林，我们穿行其中，其实只是想要一个生根发芽的落脚点，开出我们小小的梦想。或者没有梦想那么伟大，只是一个小小的愿望，尽管那个愿望可能要用一生来努力。

我也来这座城了，只是与你不一样，我只是路过。路过，与你无关。所有的城市，在我眼里没有什么区别；让我感到有所区别的，只是有你和没有你。

天空的云彩，有时候穿着洁白的舞裙，有时候忧郁地蜷缩着，我猜不到它的心情，也猜不到你的心情，因为你的一切，我都已无从知晓。就像我的一切，你也无从知晓。

我们已失散多年，没有光阴里的再度重逢。只是我还是想问那一句：好久不见，你一切还好吗？手里的高铁车票，是我来这里的通行证，也是我离开这里的号码牌。

愿你在这座城市里，如愿美好！如果美好，愿你多积攒些快乐，愿你久尝一点儿幸福；如果不好，愿你学会淡泊，对世界宽容，对自己善待，时间永远都是最好的止痛药。

你不是我的宝贝了，那你就做你自己最好的宝贝吧！也让我的这份记挂，不辜负，不苍老，不叹息。

我愿与你，从“青梅竹马”走到“一城终老”

午后的阳光格外温暖，我和你都在这套住了二十年的房子里，我看书写字，你喝茶遛狗，岁月静好，现世安稳，这就是我们现在的生活。它既储藏着我们以前的爱情，也葱郁着我们的未来。我们有幸能这么好，愿我们一直这么好，一生这么好。

我们相遇在——“小时候”。“小时候”不是我们真的是小孩子，而是我们年轻时——青葱的学生时代。与大人相比，我们的确还是个孩子，傻傻的孩子。

遇见你，喜欢你，爱上了你，就变得更像个孩子。我喜欢装作若无其事地靠近你，其实每次都是故意溜到你身边，只是往往都会被你一眼看穿。

你偷笑、苦笑，非要“捉弄”我一番，害得我怅然若失，以为这是最明显的拒绝，一下子陷入委屈的孤单中。这时，你却对我做鬼脸，引得我破愁为笑，终于满心豁然，原来你也喜欢我，只是想为这喜欢增加一点调皮儿的乐趣。

然后我们大胆地在一起了！像两个孩子，傻傻的孩子。有了说不完的话，有了做不完的事。尽管大多都是废话，大多也是无关紧要的事，但这却是我们最好的相爱。最好的相爱，即是在一起幸福地浪费时光，但每一寸光阴都是甜的。

不管相约的路途有多么遥远，我们都能坚定地抵达；不管人群有多么熙攘，我们总是能彼此发现对方。因为我们如此相爱，拥有巨大的磁场。因为你的好，在我的生命里发光，也让我的生命发光。在拥有你之后，我眼里再没有别人。

一支雪糕，我们都能吃出皇家盛宴的味道，因为那是你买的。一串糖葫芦，我们每人吃三粒，不是我们买不起两串，我们只是喜欢同吃一串的情味。

过情人节，有的男生买了一大束玫瑰，跑到女生宿舍楼下去表白；更有富家公子，摆满整个广场，用花朵摆出一个人的名字。多么壮观，多么豪奢。

只可惜你没有这样做过，你只是故意路过花店，进去买了一支出来说："喏！情人节快乐。"

"切！谁要你的'情人节快乐'，这是打折的吧？"

"哦……哦……哦……"你脸红得像个茄子。

"算啦，谁叫我这么容易满足呢。放过你这一次。"

但是我心里明白，只要你的爱从不打折便好。没有壮观的玫瑰，不影响我们有壮观的爱情。然后，我们一天天相爱，一天天更像恋人的样子。一起努力，形影不离。

我们说好了，要好好学习，一起毕业，一起考研，一起面对世界。我们甚至想好了，要一起去哪座城市，做什么样的工作，将来买什么样的房子。我们说了好多好多，都是关于美好的未来。因为我们如此相爱，才这样用心规划。也许未来与我们规划的不完全一样，也没有关系。只要我们在一起。

毕业，有那么多肆意的狂欢，有那么多伤心的独醉，有那么多无言的别离。唯有我们还跟平时一样，还是在一起。

为了工作，我们四处奔波，倾力打拼。我们不像在学校时那样每天形影不离了，但晚上我们还是能回到一起。租住的房子有各种不满意，也常常搬家、更换。唯一不换的只有我们！

升职了，加薪了，我们放肆地去“大吃一顿”。但不过是一顿小龙虾，这还是我们走过了八条街，精心研究对比了各种酬宾优惠之后的选择。因为我们都觉得，应该让存折上的数字再增加一点，未来才更有希望，心里也更踏实。

我们也慢慢学会了自己煮饭、烧菜，尽管常常不尽人意，但我们都喜欢听到：“饭好了，来吃吧！”

工作累了，我们一起躺下休息，你喜欢靠着沙发背，我喜欢靠着你，你抬起双膝给我作枕头。你浏览着各种房源的网站，我替人欢喜替人忧地追剧。你说：“房子为什么总是那么贵？”我说：“为什么剧里的男女主角总是那么难走到一起？”你说：“因为要伺候你们这帮无聊的女生，所以剧才都演得九曲回肠，一集就结婚生子了，你们还看吗去呀。”我说：“因为富人太多了，所以房子贵，富人就是让穷人买不起房子。”我白了你一眼，转瞬又跟着你一起为房子叹息。

我们终于都越来越忙，也越来越累。唯有我们爱对方，从未觉得辛苦。婚纱照没有照最贵的，但照了最喜欢的；戒指没有钻，但选了我们中意的样子。婚礼也没有那么大的排场，但七大姑、八大姨都来凑热闹了。热闹总是折腾人，婚礼也一样，不过就是要这一场乱哄哄的祝福，就图个人气。然后，从从容容地去过我们的小日子。

春夏秋冬，寒来暑往，不管什么样的日子，只要有你便是最好。

我怒你：“为什么喜欢上了喝酒、抽烟，还总有那么多的饭局。”

你怼我：“怎么变得这样婆婆妈妈，我们的大事都还没有头绪呢。”

我恼你：“都是你老婆了，老婆，老婆，所以才这么婆婆妈妈。什么是大事？家里的柴米油盐才是每天要面对的大事。”

我们渐渐话少了，渐渐不笑了，也渐渐都老了。老就老吧，只要我们还是在一起就好。世间没有关于爱情最好的解答，不过是年少盛爱时，在大庭广众下亲昵都不觉得痴狂；不过是在平常夫妻后，出门奔日子，回家作羹汤。

吵吵闹闹油盐事，同息同眠仍相依。到多老，你是我的，我也是你的。今生今世，夫妻一场，功德圆满。

第二辑

芳华向左，芳心向右

生活总是这般五彩缤纷，亦有不可预料的无常；爱情也是这样，每一处环境，每一段日子，可能都会有一个“怪胎”。他们看上去格格不入，常常被人误解，可那往往是他自己最好的坚持。不是他们不接受这个世界的安排，他们只是想坚定执着地为自己安排一次，因为那一次可能就是一生。

今生你有没有把最好的爱情，留给最美的相遇

办年货的路上，偶遇宁子。如果不是撞了个正脸，真的认不出她来了。她那双灵犀透彻的眼睛，是她最美的标记。我也是对视了她这无二的眼神之后，才认出是她。

一晃十年，音信杳无，流年往复，一时间竟觉得宁子还是那个宁子。宁子不是十分漂亮的那种女孩，没有精致的面容，也没有小家碧玉的温婉，她只是普普通通的一个邻家女孩。

那时候的宁子，学习中等，穿着朴素，也少言寡语，就像一朵淡然的茉莉，悄然绽放，也淡然馨香。光芒万丈的青春里，宁子不扎眼，不招摇，亦不火热，宁子只是宁子。不谈恋爱，每天上课，泡图书馆，宅宿舍，也不去酒吧。

大学毕业，大多数的情侣都劳燕分飞，只有少数几对才终成眷属。而宁子，自始至终都还是那个孤单轻盈的宁子。

据小道消息传播，大二期间，曾经有一个男孩跟宁子表白。结果，被宁子问了三个问题，问得满脸涨红，仓皇而逃。而那三个问题就成了我们大学期间男女生之间流传的“经典笑谈”。

毕业后，各自江湖，后来听说宁子曾倔强地想留在这座走过大学四年时光的城市，结果没有半年便草草离开。原因，一直是一个秘密。

再后来的后来，我们就都大了，也都老了，劳碌着各自的生活，苟且着各自的不易。偶尔同学聚会，从玩笑热闹、不醉不归的喝大酒、嗨歌厅，到断断续续偶尔联系几人，再到最后只剩下诸多的怀念而已。

宁子只参加了一次同学聚会，那次她喝醉了，从此再没出现过。后来听说宁子考了老家的公务员，然后也结婚了。再以后，就没听到关于宁子的任何消息。

今日，碰到宁子，纯属意外，也是最幸运的“偶遇”。

宁子当然也老了，36岁的模样，少了当年的青涩单纯，多了成熟忧郁的平淡，眉宇之间写着历经生活沧桑的痕迹。只是宁子没那么显老，宁子还是那个宁子，我所说的，只是宁子那熟悉的眼神，清澈，柔软，温情。好像在说，无论生活如何，都要尽量把这个世界看得更清澈通透一些。

中年将至，我们自然也只剩下俗套的寒暄，不咸不淡的问候，然后互留了微信，说着要多联系之类的话。到底是多联系还是不联系，那都是未知。然而，时间空闲了，还是要互相关注一下彼此的朋友圈，竟然有了意外的发现——宁子离婚了。

宁子换了工作，辞掉了小城那个朝九晚五的“铁饭碗”，现在做着一件顶时髦的行业——内容创业者，说明白一点就是自己经营微信公众号，自己给自己当老板。靠着“粉丝”的打赏和广告收入，足够自己生活。

没想到，当初不显山不露水的宁子，如今竟然有这样的才华，也佩服她果敢的勇气。

后来我们靠着微信联系。我说，宁子该出本书了。宁子说，正在联系。我问，住的地方呢？她说，年后准备买个房子，不需要太大，能容下一个电脑和她就行了。我认同宁子的想法，也相信宁子的能力。愿她都好！因为她那么勇敢地过上了自己想要的生活。

宁子说，自己29岁时草草结婚，本想着也是要努力过上和别人一样的生活，但到头来还是发现这是一个错误。

宁子说，结婚前她曾很恐慌自己是一个“剩女”，但后来想想，当初的害怕不是自己有什么怕的，而是怕人家的“口舌”。如今，她挺理解，也挺佩服那些坚持自己的人。她说看电影《剩者为王》，看一次，哭一次。离婚后，她把这部电影推荐给她爸爸看，她爸爸也哭了，说当初不应该那么逼着女儿嫁人。

其实，爱不爱、嫁不嫁，都是自己的事，自己完全有这个自主权，也是对自己最好的负责。不要因为年龄而跟从，也不必因为世俗而妥协，最好的你终会遇到最合适自己的感情。好与不好，只有自己才最知道。一时看似牵强的合适，最终只能苦了你，甚至毁了你的一生。

宁子说，那时候，我们青春年少，用最纯真的感情喜欢上一个人。直到后来，我们才发现爱一个人竟如此之难，让一个人好好爱自己，更难！

人生有时候就是这样，你以为好好爱一个人就能得到全世界，却往往在这世界里只看到一个人的背影。直到流年苍老，你在烟火深处懂得：天下所有的爱情各有不同，世间所有的婚姻，都长成了一个模样。

我跟着宁子同样感叹，世间大多数人都是平凡的，谁又不是如此。

朋友之间总不能光谈这些沉重的话题。我跟宁子开玩笑，我说，当初跟你表白的那个男生，你喜欢她吗？

宁子笑着说：“是有一点儿喜欢的，但他没有回答上我的三个问题来。其实哪怕他能回答上一个来，我也跟他恋爱了。”宁子说这话的时候，一脸的大气淡然，完全没有羞赧的口气。

宁子的三个问题是：如果有一天我变丑了，你还会喜欢我吗？如果，我不喜欢你，你还会继续喜欢我吗？我现在喜欢你，可是有一天你变得我不喜欢了，我要离开，你会放手吗？

宁子的三个问题，的确是句句藏针，字字有刀。莫说一个青涩男生，就是一个成熟的男人都不好回答。

我说，宁子，这三个问题，我也答不上来。

宁子发过来一个哈哈笑的表情，然后调皮地怼我说，其实这是最简单的三个问题，世间有那么多的如果，每个女生心里也有诸多奇怪的如果。但女生真正想要的，就是叫你把如果都去掉，给她一个坚定回答。

我一时间汗颜。在感情面前，也许男生从来都输给女生。宁子说，她依然会相信爱情，相信她想要的爱情。

在没有遇到你之前，我以为世界就是这么平淡；在遇到你之后，我才发现，原来世界可以有这么多不同。

其实世界并没有改变，只是因为有你，我才改变了世界的颜色。因为有你，我的世界才如此不同，我便也有了不同。这是难得的幸运，也是我的刚刚好，刚刚好遇到了你，世界才如此美好。

我祝愿宁子：美梦成真。勇敢做她最好的自己。

02

每一个“妖精”，迟早都有一个要走的远方

郭小仙在一座七八线城市，说是城市其实有点儿夸张了，不过就是只有几条街的小县城。这小县城里虽然有楼房，有汽车，有饭店，有宾馆，各种有……可是怎么看还是感觉像一个“大村子”。郭小仙就是这“大村子”里的一员，并且是耀眼的一员。

每天郭小仙走过那条宽阔的街道，都像是一道闪电，惊着路人的眼光。因为郭小仙美得有点儿惊人，她的美倒不是有什么倾国倾城之貌，按专业人士的标准眼光来衡量，她的脸蛋儿、身材不过80分而已。而她之所以惊人，令太多的路人侧目，是因为她的穿着。郭小仙穿的衣服完全与小城镇的姑娘、媳妇们不是一个风格，里里外外都透着一股子非凡，或者说特别的邪性，总之是很另类。更因为这另类，让郭小仙的美又增添了几分，令小城的女人无人可敌。我想，大概郭小仙的袜子都不会在这个小城买吧，她的东西都是从另外一个遥远的城市舶来的。

郭小仙的装扮，有时候像某电视剧明星的同款，有时候又像是某少数民族的盛装，反正一概都是令小城镇人瞠眼咋舌的类型。

郭小仙，终于成了小城的一个“妖精”。有人怀疑她来自外星，有人猜测她以前肯定有许多精彩的故事。这“精彩”激发太

多人的想象，而郭小仙也可能不久就会从这里消失，因为她怎么看都不像是属于这里的。

而真相是，其实郭小仙的身份挺普通的。她不过是某单位一个普通的公务员，朝九晚五，拿着一份不多不少的工资。但郭小仙到底在哪个单位就职，只有她单位的人知道。

小城很小，小到在城东大吼一声，在城西就能听到音。但关于郭小仙，从没有传出什么骇人听闻的新闻，或者绯闻。对于她这样一个女人来说，人们都期望着能发生点儿什么。但真的，什么也没有发生过。

看来郭小仙真的很平凡地在某个单位的办公室里平凡地待着，做着一些无关痛痒的事，没有什么轰轰烈烈，更没有什么五色传奇。郭小仙，令人羡慕，令人嫉妒，也挺令人失望。她怎么就不发生点儿什么呢?

好事者总是有着让人佩服的本事，终于发现郭小仙的一些秘密。她每年都会离开小城一两个月，以什么理由离开，也许只有她单位的领导知道。有时候会是夏天，有时候会是冬天。

没有郭小仙的小城街道，似乎总少了点儿什么，又似乎恢复了本来的平常，似乎这平常才是真正属于这个小城人的生活，这一切与郭小仙无关。然而每次郭小仙归来，又总会为小城掀起一阵波澜，因为她又像是重新活了一回，更另类，更美了……

小城的女人，也有挖空心思学郭小仙的，但怎么学怎么都不像。郭小仙还是那个不一样的郭小仙。吸引着小城男人们的目光，也让小城的女人慢慢生出复杂的眼光和心情：这样一个“妖精”，为什么不去她该去的地方“修炼得道”，或者“吃人作乱”，逍遥自在。反倒跑到这烟火碗勺的小城来蛊惑男人们没出息的目光。

郭小仙二十六七岁，这是她模样上看上去的感觉。有小道消息传，她其实三十五六岁了。那应该是看过她档案或者身份证的人比较权威的发言。

人们更希望郭小仙是三十五六岁，因为三十五六岁隐喻着会有更多的故事，并且预示着将来也不会有更多的故事了。其实二十五六岁也可以有许多故事，只是小城人的眼光看不到那么深远。郭小仙到底有没有故事，只有她这个主角才知道。

人们渐渐习惯了小城里有这么一个另类的郭小仙，或者人们都有各种鸡零狗碎的闲事儿要应付，也有各种闲淡要扯。所以，关于郭小仙，就随她自生自灭吧。

然而，郭小仙终于没能融入她以为能过下去的生活。她辞职了，要走了。

人们终于“皆大欢喜”，也有人无聊叹息。小城终于恢复了没有郭小仙的平静，一个属于“大村子”的平静。当然也有人们乐此不疲的热闹，喝酒打牌，你争我夺，有哭有笑……

而关于郭小仙辞职一事，其实是好事，她考上了某一线城市的某名牌大学的研究生，人家当初来这小城是韬光养晦，暂时落脚的，也从没想过要真正在这里待一辈子。至于人家的穿着打扮，只不过是人家的格调高一点儿，那实在是人家的自由……

小城没了郭小仙，她也许很快就会忘记人生当中有过这么一个小城，因为这对于她要追求的精彩人生来说，实在是微不足道的。

而郭小仙的爱情，到底是怎么样的，或者将来会怎样？小城的人们永远都不会知道，因为他们不懂。而郭小仙，终会在这浮世之中，沿一路清溪，逐歌而行。

世界不同，只因遇见你

假如人生不曾相遇，我会只是那个我，你也只是那个你。幸运的是，人生，与你有了一个相遇；这相遇，从此让世界与众不同。这不同，只因为多了一个你。

简宁遇见周宇是在2008年夏天的开学季。简宁提着重重的箱子找到报到处的时候，一张热得红扑扑的脸上已满是汗珠。负责接待的周宇接过简宁递过来的通知书，然后给了她一张“新生报到流程图”。

但是简宁却瞅着那张图表一个劲儿地皱着眉头发愣，因为她完全看不懂。可爱可怜的简宁不但是个“路痴”，还是个“表盲”，对一切图表都看不出所以然来。

此时的简宁，一副小可怜“求帮助”的无辜表情，就像一只迷路的小猫，等待一个好心的路人带她回家。周宇抬起头来问：“同学，还有什么可以帮到你的吗？”

“有啊，当然有，你这个傻瓜，没有，人家怎么还会傻傻站在这里半天。”简宁心里这么想，脸上已露出怨怼的表情。

周宇这时站起来说：“那我带你去吧。”

简宁听到这句话，脸上的表情一下子就阳光灿烂了，好像在说：“这还差不多。”

简宁就是这样一个孩子，就像她妈妈说的一样，“一直还活在幼儿园里”。对此定论，简宁一点儿也不生气：“幼儿园就幼儿园，没什么不好，反正天下有那么多大人，不差我一个。”

简宁就是这么简单，如一个孩子一般简单。所以，在整个青春期她简单到连一次真正的恋爱也没有谈过。简宁其实一直想找一个和自己同样简单的人，在人生的旅途上简简单单地相伴，但是那个人一直没有出现。

高中的时候，班里有一个内向的男生从高二上学期开始一直给她写情书，一直写到高中毕业，一共写了66封，但却从没在她面前有过一次开口表白。于是简宁认定：他不但笨，并且也不简单，跟这样的人在一起，一定会很累的，因为往往爱得越小心的人，也爱得越累。果真如此，后来那个男生高中毕业后就再没给她写过信，尽管他知道她在哪所学校。这个结果，让简宁苦笑不已。所谓青春的恋爱，终究不过是一场年幼无知的兵荒马乱。

现在，来到大学了，她希望能遇到那个如自己一般简单的人，简单如窗前经过的风，简单如初夏悄来的一场雨，简单如这城市当中每一个平凡的背影。只是愿那背影转过身来，是一个温暖的微笑：哈哈，原来在这里的，还有你。

周宇带着简宁一路交费，领东西，找宿舍，安排好一切，到最后说一句：“没什么事，我走了。”

“好，谢谢你！”简宁露出一个孩子般的微笑。

这就是简宁和周宇的初遇，如此平常，也如此简单，因为他们彼此都是如此简单的人。

简宁是来学中文的，原因很简单，因为自小那些数学、物理、化学公式一直让她很头疼。其实她从高一那年开始，已在《萌芽》杂志发表过几篇小说了，只是没有人知道而已。那只是她一个人的秘密，因为怕被大人骂“不务正业”。

她一直在偷偷地写，她梦想着将来有一天会成为一个作家，那时候“作家”这个职业，在她的眼里是无比风光的。直到多年以后，她才明白：这是一个相当清苦的职业，并且还要守得住那么多寂寞，甚至是不屑与伤害。

简宁再次遇见周宇是大学里的一次志愿者行动，去一家民间的儿童福利院看望那些因残障而被遗弃的孩子。周宇是组长，简宁是报名的新成员。那些孩子有的脑瘫，走路摇摇晃晃；有的自闭，默默无声，但不知什么时候就会突然发怒，自残，或者伤人；有的聋哑；有的眼盲。看到这样一群孩子，所有人不禁都心痛。

面对他们，简宁慌张无措，倒是周宇温文有礼、从容不迫：给孩子们分糖果，发玩具，领他们做游戏。那个画面当中的周宇，让简宁觉得他便是他们的天使。

正这么想着，突然一个胖胖的男生来扯简宁的裙子，猝不及防的简宁被这突袭吓得魂飞魄散，紧张尖叫起来。周宇一个箭步冲过来，抱住那个还在一脸傻笑的孩子，嘴里直呼着：“小胖，小胖，别捣乱，否则姐姐会生气哟，哥哥也会不理你。”

只是短短数句，那个孩子便神奇般地安静了下来，而此时周宇交给他一个游戏机，守着他玩起来。虽然简宁整个人惊魂未定，但却被周宇的举动给惊呆了，她觉得他好像是有不凡魔力的人。

直到后来，简宁和周宇谈恋爱，简宁问周宇："你是不是有什么魔法？"周宇捏着她的小脸蛋说："这个不能告诉你，告诉你就不灵了，哈哈。"不管简宁怎么撒娇，周宇只是跟她玩闹，最后紧紧地搂住她。那种搂，是简宁这辈子都忘不了的温暖。

周宇上大二，简宁上大一。大二的上学期，他们开始恋爱。不是周宇疯狂浪漫的追求，而是简宁分外简单的表白。

其实，自从那次福利院之行，简宁就觉得周宇身上有一种光，那种光让她趋之若鹜，让她喜欢，让她不自觉地主动靠近。而自己心里也盛开了硕大的花朵。

周宇学的是计算机，与所有的工科男一样沉默安静，但又有着不一样的温暖。正是因为这不一样，让简宁默默喜欢，也由心地依赖。

简宁觉得，如果自己是一只小鸟，那么周宇就是站在路边等她的那一棵树，允许她停在他的枝头，在他的绿荫里歌唱；如果自己是一叶小舟，那么周宇便是一个寂静的码头，允许她随时归来靠岸，歇息安眠。温暖不过如此，简单如是，希望能是永远。

简宁跟周宇的表白，是在一个初夏的清晨，看似平常，其实她悄悄为此准备了好久。这准备包括她每天都悄悄地跟踪他到图书馆，甚至跟踪他去学校周围的各种小吃店，最后得出结论：周宇没有女朋友。

简宁这天没有刻意打扮，她也不是一个会打扮的女生，她只是换了一条水红色的裙子，因为她看见周宇常穿这个颜色的一件T恤。简宁以为那是他的偏爱。后来，简宁嘲笑周宇说："你怎么老穿这一件呢？"周宇先是尴尬，然后大笑着说："不是一件，而是两件，我一次买了两件，便宜。"简宁也大笑，没想到周宇还挺会过日子的。其实这倒是其次，关键是简宁觉得，一个不怎么爱穿的男生，应该不会太虚荣，也不会太虚假。

这天早上，简宁在一家餐厅的门口拦住周宇说：“嗨，帅哥，我听说你没有女朋友。如果你请我吃一顿早餐，我就做你的女朋友，怎么样？”简宁一点儿也没有脸红。

但其实她的心一直扑通扑通地跳个不停，如果不是周宇及时问出那一句：“那你想吃什么呢？”简宁恐怕整颗心都快要跳出来了。

“吃什么？”简宁终于放下了那一颗心，慢慢平静，然后故作思考，最终说出了那句让周宇忍俊不禁的话：“随便，吃什么都行。”

周宇说：“你倒是蛮好养的。”

然后，简宁就骄傲地挽起周宇的胳膊，两个人大踏步地向餐厅走去。

没人侧目，也没人注意，因为他们如此简单。

恋爱后的他们与所有大学生的恋爱没什么不同，无非是逛街，遛摊儿，吃美食，偶尔来一次说走就走的旅行。

时光流转很快，周宇先毕业，忙着找工作，简宁也忙着实习。周宇说：“想留在这座城市。”简宁说：“好，那我陪你。”

周宇去了一家民营通讯科技公司做软件开发，兼做企业网站维护，工作渐渐忙碌。而简宁的打算是毕业后找一家杂志社做编辑，或者去做图书出版。

但一年之后，一切都成了泡影，事情没有她想象的那么简单，更不会如她所愿的那么顺利。老家的父母催她回去考公务员，或者回家乡的一所中学教书。而这两者都不是简宁喜欢的。当然最关键是她想留在这座城市，和周宇在一起。

于是，简宁决定考研，这也是一种能继续留在这座城市的理由，抑或是推辞父母不回家的借口。然而，生活永远都不可能像自己想象的那么简单，简宁考研不顺利，与达标的分数线相差二十多分。简宁委屈地跟周宇说："你说，我怎么就这么笨呢？"

周宇安慰她说："其实你已经很努力了，最起码比我强，要我，肯定连这个分数也考不了的。"

然后，简宁就想还有什么可以留下来的办法呢，要不就找一份工作先干着吧。

但家里无论如何也不同意，打了无数次电话后，父母开车来接她，不如说是来绑她回家。

简宁抗争、赖皮都不奏效，只好妥协，先跟父母回家乡，进了一所中学教书，然后如父母所说的慢慢考公务员。但简宁心里想的是，还要继续考研，考回那座城市，她也是这么跟周宇说的。周宇也同意她的想法。于是，他们开始了异地恋。

起初，他们想的异地恋并没有那么可怕，但事实的结果是相当可怕。

简宁回到家乡小城进入学校上课后，就开始了父母安排的"相亲大战"，虽说他们都长得不赖，各种条件也让父母满意，但对于简宁来说，他就是神仙，也跟我没半毛钱的关系。

见了一个又一个，简宁都一一推掉、拒绝，父母骂她脑子有病。简宁忍不住了，也倔强委屈地吼，因此与父母的关系闹得很紧张。简宁干脆搬到了学校宿舍，不回家，开始与父母冷战。

麻木地上课，辛苦地念书，准备明年考走，每天与周宇QQ留言，互道平安。但结果是，第二年简宁还是没有通过考试。她苦恼地发现，有时候你以为自己有一对丰满的翅膀，能够带你飞向梦想高远的天空，到最后才明白那不过只是一片随风飘浮的羽毛。

简宁对考研有点儿绝望了，准备辞职离开家乡，并把自己和周宇的关系也向父母和盘托出了。当她冷峻地说出这些的时候，父母倒没有她想象的那么惊讶，相反倒十分平静地对她说："那你叫周宇来家里一趟吧。"简宁心里欢喜，以为父母终于想通了，毕竟她是他们唯一的女儿，总不会这么一直为难她。可结果却让她万万没想到，那是父母预谋好的准备让她彻彻底底死心的"战争"。

周宇穿着干净，提了些许礼品迈进简宁的家门。简宁父母习惯性地客套几句，然后便是单刀直入地审问："你多大，父母多大，在什么单位工作，你现在是什么工作，年收入多少，能不能在那座城市买房，首付还是全款……"

连珠炮式不停地问下来，问得周宇脑门儿上直冒汗，把简宁搞得也尴尬地叫苦。当然，这次见面的结果是不欢而散了。

简宁父母连送也没送周宇，简宁跑出去一脸的愧疚，周宇冷峻地说："小宁，你放心，你父母提的要求，我会努力做到。"简宁哇哇大哭。

简宁到底没有辞职，因为父母不允，并且告诫她："周宇就是个高级打工的，家里也没钱，你跟他是没有未来的……"而她不管那些，什么是未来，未来是不是一定得是有房子、有车子、有票子的种种合适的生活。如果是那样，而没有真心甘愿的幸福，那这未来她宁肯不要。

家里还是不停地托三姑六姨、同事、朋友频繁地给简宁安排相亲，简宁全部都见，但见了就是一贯地不合作态度。气得她父母叹气、恼怒，但也没有更奏效的办法。

简宁又开始努力考研，并且誓不罢休。但母亲却生气地说："就算你考上了，也不让你走，我们就你这么一个女儿，养你这么大不容易，你是想叫我们孤独终老吗……"简宁听得厌烦，只好权当一阵耳旁风，充耳不闻，与己无关。

周宇发来消息说，他要出国两年，这样能多挣一点儿，能早一点儿买上房子。简宁听得心里难受，但却只能表示支持。

翌年春天，简宁考研顺利地通过了。父母虽说当初说过气话不允许她走，但考试成绩出来后，还是接受了，毕竟走出这小城，也许会有更好的未来。

简宁一身轻松，又回到了那座城市，而城市里的那所大学有她四年的时光，也有周宇和她在一起三年的回忆，当然，重要的是有一个痴心期待的未来。

周宇一笔笔地把钱寄回来，让简宁攒着，计算买房的时限，简宁一边读书，一边不停地给杂志社写稿，虽然没有多少稿费，但简宁希望能多添一点儿是一点儿。

周宇的父母来看简宁，是简宁无论如何没有想到的。那对温文有礼的中年夫妻，穿着朴素，谈吐平常，他们都是家乡平凡的职工，一个在小学教书，一个在企业车间，都没有太高的收入。

他们掏出一个存折，上面有30万元，周宇妈妈说："小宁呀，你们的事周宇都跟我们说了，我们也不希望你们过得这么辛苦。这是我们这些年的积蓄，你们早一点儿买房吧。我们也早安心。”

房子，周宇父母陪着简宁买了，位于五环的一套小两居，七十多平方米，虽不宽敞，但也合适。交了百分之六十的首付，其实百分之四十就大概够了。但周宇父母一直强调：“我们不希望你们那么辛苦，以后的钱慢慢还，我们有多少就给添多少。”这让简宁有一种惶恐不安，也有一种深沉的温暖。

一年半后周宇回来了，准备与简宁结婚。简宁把这一消息告诉了她父母，父母虽然还是叹息，但也没再固执，两个老人从家乡赶了来，爸爸说：“宁宁，房子装修的事，你不用管了，我跟你妈妈帮你弄……”简宁一下子咬住嘴唇，掉下泪来。

“哭什么哭，没个出息样儿……”妈妈也红了眼圈。

婚礼称不上豪华风光，但简宁终于有一番功德圆满地自足与欣慰。周宇回国后，在公司很快也升了主管，薪水翻倍。皆大欢喜，一切圆满。

不久之后，简宁无意间听到周宇在卫生间里悄悄给父母打电话：“你们把房子卖了，你们在哪里住呀……”

一时间听得简宁心涌潮水，到底落下泪来……而这些，周宇一句都没有对她说，或者他也是才知道消息。

04

每一个“怪胎单身”，都藏着一份不为人知的爱情

米米研究生毕业5年了，一路顺利，通过国家公务员考试，考到这家还算令人羡慕的单位。米米家境良好，人长得漂亮，气质高贵，待人接物有礼有节，工作认真，踏实努力，被人赞扬。

只是有一个问题：米米还没嫁人，甚至都没有听说过她有男朋友。“好事者”操心介绍，米米只是客气地婉拒，理由起初是“现在还不考虑这个问题”，后来变成“谢谢您，不劳您费心了”。人们也从关心变成纳闷，到最后变成“这孩子有问题”。

“这么好的一个孩子，当然不能轻易嫁，但挑的时间也忒长了吧”。到最后，这种“责怪”变成“这孩子可能根本不想成家，可能是单身主义”。人们议论归议论，米米还是那个每天打扮得清清爽爽，漂亮干净，见人就笑，一板一眼工作的米米，丝毫看不出人家活得有什么烦恼。

在这个单位里，她就像一朵安静开放的小水仙，不骄不躁，也不参与世故人情，好像一只不食人间烟火的小鸟，自然而快乐着。只是总让凡俗的烟火之人、饮食男女觉得她格格不入，就好像她从来、永久也不会属于这里一样。

米米31岁了，面貌表情都还像个孩童。不知是哪对父母的乖孩

子，或者在父母眼里也有那么一点儿不乖“这么大了，还不嫁人”。将来，又会和哪一个帅哥情愫萌生，组成一个幸福的小家呢？

那只是米米一个人的事。跟这个世界毫不相关，就像她想的：“自己嫁不嫁人，又与这个世界有什么相干。”

这世界难得有活得“任性”的人，因为“任性”会被看作“另类”，“另类”也许并不是件危险的事，但至少是件不讨人喜的事。只是这世界，本来“自由”就少，要想活得有一点儿自由也不是件“大逆不道”的事，反而显得分外珍贵。活得“珍贵”，或许也会是一件幸福的事。就像米米，不等风来，也不盼雨至。不急迫、不庸躁，如此自然便是好。终会有一日春暖花开，香满人间。

2017年11月的最后一个星期五，米米“惊讶”了也幸福了单位里所有的人。只见她穿梭于每个楼道，向每个科室的同事分发喜糖和婚礼的请柬。同事们都好奇地问：“对象哪儿的，谁呀，做什么……”

米米不害羞，也不浮夸，步态、口气依如从前不疾不徐，一一简洁道来，获得同事们大大的贺喜。

而新分来单位不久的青青得知米米的事后，竟然眼圈一红，落下泪来。米米搂着青青的肩膀，低声深情地安慰：“不要怕，一切如意都会到来的。”

米米的结婚对象是和她长跑六年的异地恋，而青青也是，此时正处于水深火热的各种忐忑、纠结、不安、折磨以及苦恼中。而米米的成功与圆满，为她持久阴霾的天空亮起一道美丽、温暖的彩虹。

一生那么宝贵，总有些东西是要珍惜的；一生那么漫长，也总有些东西要坚持，才会云开雾散，成为幸福的那个自己。

米米，很大气。所以，也配享有这么大气的爱情与人生。

偏偏喜欢你，只为喜欢你

这一生，总有一个你最初喜欢的那个人。那个人十六七岁，无比美好的花季，你们幸运地相遇，莫名地喜欢，成了你关于青春永不褪色的记忆。

也许那个人只是你无声的暗恋，或许你们也轰轰烈烈地爱了一场。那就是你光芒万丈、无比宝贵的青春。只因为喜欢而喜欢，就那么单纯。与什么房子，车子，权位，金钱都毫无关系，也不是世俗的门当户对。往往这样的喜欢是无比纯真、灿烂的，但也是无比脆弱的。太多人只是花期一场。花期过后，便散了场，各奔西东。

世界这么大，红尘这么深，你更倾向贪恋那一份所谓名正言顺的“合适”。合适，是最好的趋利避害的选择，也是服从世俗最好的借口。

人生就是这样，你不一定和你相爱的人在一起，和你在一起的也不必是你心底里最爱的那一个。你可以用金钱买来欲望，但从来都买不来真心相对的爱情。不过，荒诞的是这世界也不只有爱情。

然而，一切因为不珍惜而错失；一切也因为不坚定而遗憾终生。有些人，总有那么一份遗憾种在你的记忆里，成为回忆里那棵花开不败的树。你拥有现实生活的温度，也有人生遗憾不忘的微凉，这便是生活的万花筒，每一种，都不是你人生唯一的颜色。

那一年，他们带着同一张录取通知书，来到同一所学校。八月刚过的天气，还是热得有些令人焦躁，带着铺盖、行李卷儿的一群人，来到那所学校。

学校里有四季常青的绿化带，也有开得正旺的丁香花。校园里满是一张张新生报到、青涩的面孔。而李沫在这群孩子当中是个另类，他留着不输女生的长发，背着一个画夹，不像是初到，而像是归来。在那群报到的新生当中，分外扎眼。

人人都以为他是艺术生，然而他却站定在化学系的接待牌前。接待新生报到的系学生会干部审视了他半天，一脸怀疑又认真地说："这是化学系的报到处。"

"没错呀，我就是化学系的报到生。"李沫一副玩世不恭的样子，一边从裤兜里掏出那张已被揉得皱巴巴的录取通知书。

李沫来到化学系后基本不上课，反而常常去参加艺术系的写生、画展。所以，他几乎科科红灯，门门补考。他自己倒是完全一副事不关己、满不在乎的样子。但也有人莫名地替他担心。

替他担心的这个人是小吉，班里的团支书。戴着一副高度近视镜的小吉，长得清汤寡水，像还没有发育好的大孩子。她坐在李沫的前排，经常回过头来问："你能不能稍微认真一点儿，至少得混一张毕业证回去吧？"

李沫反倒冲她一脸不屑地反问："同学，毕业证能决定人一生的命运吗？"小吉竟然一下子红了脸，无言以对。

大二时，李沫爱上了一个艺术系的女生。女生叫苏洁，画油画的，舞也跳得特别好，最关键的是长得漂亮，也有艺术范儿，毫无疑问的“系花”“校花”兼而得之。

追求苏洁的人太多了，有成群结队的“年少无知”，也是部分少年老成的“别有用心”。但苏洁只是跟他们玩笑玩笑，从来没有进一步发展。最后的结果是：大多数的“年少无知”知难而退，也有个别的纨绔子弟依旧纠缠，不死心、不甘心。而李沫就是这当中的一个。

李沫不是什么高干子弟，他爸爸在市郊开着一家不大不小的化工厂，虽称不上“巨头”，但在当地也算有头有脸的人物。

李沫高考成绩属于中等，老爸上火过急，最后说：“你小子给我去学个化学专业吧，将来家里这摊子事就交给你。”老爸的话当然是再明确不过的了，指的是将来要李沫接管他曾苦心经营的“家族企业”。

李沫本来是个挺有画画天赋的孩子，但他老爸说：“那都是登徒浪子玩的玩意儿，你小子少跟我玩不盐不米的那一套。”

其实李沫的老爸这么交代，也是颇有一番深意的。李沫的妈妈39岁时查出乳腺癌晚期，恶化，不治，早逝了。那年，李沫才上初二，而他老爸的化工厂在那段日子处于困境期，资不抵债，几乎就要破产了。好在几番周折，总算挺了过来，笑到了最后。

现在李沫有一个后妈，是他老爸化工厂厂办的一个娇小玲珑的文员。这位后妈，小李沫老爸11岁，大李沫9岁。

但这位后妈跟李沫老爸结婚6年，一直都没怀上孩子。这令许多人猜测，也有不少八卦。但李沫看到的是，小妈经常跟老爸撒娇、抱怨，后来这些节目都没有了，有的只是不停地换车、买包、出境旅游。而老爸偶尔喝醉了酒，大呼小叫地发牢骚、吐苦水，有时也扯过李沫来，一脸愤愤地责问："你个小王八羔子，你能给我长点儿心不？"

李沫那时候完全不懂，也懒得去理一个醉汉。只是，偶尔看到醉酒的父亲翻出老妈的照片，瞅着瞅着就一脸泪痕……

每当看到这一幕，李沫的心里还是生出一份柔软，也抵销了一些他对老爸曾经无比的憎恨。毕竟不管老爸娶了谁，但他至少还惦记着老妈。

后来，李沫慢慢知道，爸爸之所以有这家厂子，都是老妈和姥爷在他最困难的时候帮助了他，如今老妈和姥爷都成了另一个世界的故人，只留下这个厂子成了他与他们之间唯一的念想。李沫渐渐明白了，老爸为什么一直这么拼死拼活地坚持着。

李沫觉得老爸还算是个男人。所以，高考后老爸叫他报化学系，他也没有露出一丝的反感和不快。化学就化学，也不一定将来就如老爸的安排接手家业。一时说一时，不能叫老爸失望难过，至少让他怀着一点儿希望的光亮。因为他见过老爸无数次虚伪的风光，也见过他无数次真实的绝望。

生活毕竟是生活，自己也毕竟只是自己。李沫虽然报了化学系，但还是一个痴迷艺术的孩子，他一直喜欢画画，他的作品在初中和高中时也获得过一些大大小小的奖，遗憾的是一直没成什么大气候。

李沫是在学校的一次画展上认识苏洁的，她的一幅《阳光野外的蒲公英》的作品深深吸引了李沫的眼球，他简直太喜欢那幅画了。然后，当他在万人攒动中看到苏洁的脸庞时就彻底地被她给迷住了。从那一刻起，他决定做她一辈子的信徒。

之后的日子里，李沫经常去艺术系蹭课，说是“蹭课”，其实更准确一点是去看苏洁。然而，半年多的时光里，苏洁对他却是毫无所知。直到半年后，苏洁参加市里文化局举办的一场青年画家作品展，那次作品展之后，一位满头油腻富商之子在宾馆的过道里对苏洁纠缠不休，甚至还无赖地动手动脚。一直偷偷跟随着苏洁的李沫本能的“恼羞成怒”，上前替苏洁解围，一时间口无遮拦地说出了：“苏洁是我女朋友，请你放尊重点儿。”结果李沫被一拳打出了鼻血，苏洁要报警，李沫说算了。

自那以后，苏洁认识了李沫，也知道他喜欢画画，但始终坚持一句话：“那天，真的是谢谢你。”以此希望李沫不要误会。但李沫却希望这误会能是一生。

李沫挖空各种心思想讨苏洁的欢喜，结果都是徒劳，但他在这徒劳之中有一份盲目虚幻的“幸福感”。他买了大包大包的纸、成盒成箱的笔墨纸砚送给苏洁。苏洁每次说着“谢谢”，每次又都把一叠钱塞给李沫，告诉他下次不用买了，她自己会买。况且，也真的不用再买了，李沫买得那些足够苏洁用到毕业。

苏洁对李沫另眼相看是学校组织的一次书画展，李沫的一幅油画作品《喜欢你》在这次画展中备受关注，虽然画工技法都称不上上乘，但主题却博得一片掌声。作品的内容是一片极为绚烂的油菜花地，在油菜花地旁边却有一个少年守着一棵含苞的蒲公英，用心出神……

那次之后，苏洁对李沫的态度也有所改变，约她吃饭也就去了；开着车拉她一起去郊外写生，她也欣然同意了。那时候，李沫开了一辆他老爸厂子里淘汰的车。

有一次写生回来，两个人都有点儿疲惫，在学校附近的一个小饭馆里吃饭，苏洁猝不及防地提议喝点儿酒。李沫惊诧，然后自然地顺从。对苏洁，他从来都不懂得拒绝。又或者是看苏洁的样子，像是心里有好多事，想找人说一说，他愿做那个耐心的倾听者。

直到最后，苏洁都喝得醉态朦胧，竟然也没吐出一句什么“秘密”来，只是一个劲儿地追问：“你说这人，到底什么才是他不能动摇的……”苏洁喝多了，被李沫背回女生宿舍。从那以后，学校里传出一阵风波说：李沫这个奇葩菜鸟，真的成了苏洁的男朋友。

有好多人不相信，也有好多人想揍李沫，还有好多人虚伪地叹息，但苏洁只是笑盈盈的，什么也不答。李沫也只是傻傻地呵呵笑，仿佛这件事已成事实，又像与己毫不相干。而真相，直到毕业的时候才被揭穿——苏洁出国了。

李沫没有服从分配，回到了老爸的化工厂。那一年，老爸的化工厂生意做得风生水起，但老爸却被诊断出肺癌晚期。

苏洁是提前离开学校的，李沫也提前离开了，他们都没有参加毕业聚餐晚会。苏洁好像是人们意料当中的离开，而李沫是人们不曾留意的失踪。而只有一个人知道李沫的悲伤无助，这个人就是小吉。

李沫那天一个人独自喝得烂醉如泥，从学校旁边的小酒馆出来，一路跌跌撞撞，摔倒了爬起来，爬起来再摔倒，直到浑身是泥，鼻青脸肿，一个人窝倒在一家打了烊的小超市门口的儿童摇椅上，一边唱歌，一边号啕大哭……

唱的是那首《偏偏喜欢你》：

愁绪挥不去苦闷散不去

为何我心一片空虚
感情已失去一切都失去
满腔恨愁不可消除
为何你的嘴里总是那一句
为何我的心不会死
明白到爱失去一切都不对
我又为何偏偏喜欢你
爱已是负累
相爱似受罪
心底如今满苦泪
旧日情如醉此际怕再追
偏偏痴心想见你
为何我心分秒想着过去
为何你一点都不记起
情义已失去恩爱都失去
我却为何偏偏喜欢你

那天，其实小吉也是喝了酒的，小吉是去参加一个老乡聚会，只是这老乡会上，唯一只有小吉没有“另一半”，其他的老乡都是带了人来的。小吉一时感伤，多喝了几杯，上卫生间的时候，一眼撞见李沫喝得摇摇晃晃出了饭店门口。她没顾得上和老乡们打招呼告别，就一路跟了李沫出来了。

看着李沫坐在儿童摇椅上一边唱、一边哭……小吉也哭了，然后上前推了推李沫。李沫抬眼看了一眼她，只是苦笑了一下，接着继续疯唱，像把心肝肺都唱碎了一般。小吉瞪着眼，骂他道："你个混蛋，你个混蛋……"

"我是个混蛋，我是个混蛋……"李沫有一句、没一句的自骂，小吉却搂紧了他的肩膀。

那天，两个都不知道是怎么走回学校的。反正，后来学校的门卫大爷的说法是：一个好心的女出租车司机把他们送回来的。李沫和小吉后来多次找过这个好心的女出租司机，但一直都没有找到。

这次事件的一个星期后，李沫就从学校消失了。小吉像丢了魂似地找他：给他打手机，手机停机；给他QQ邮箱发邮件，他也不回，就像人间蒸发了。

一年后，李沫到市里组织的人才市场招聘会上招工，却意外地撞见了小吉。小吉那时候是人社局就业科的科员。

李沫客气地邀请小吉吃一顿饭，小吉玩笑般痛快地答应了。两人没喝酒，只喝了两大桶果汁。一直喝到小吉说："肚子实在太撑了，喝不下去了。"结账的时候，李沫跟小吉急了，原来小吉竟然在席间去卫生间的空隙把账给结了。李沫说："我好歹现在也是个老板吧，我好赖也算是个男同学吧。"

小吉尴尬地苦笑："何必那么计较呢？"

李沫说："那我请你去唱歌。"

"唱就唱。"小吉毫不犹豫地说，没有拒绝。

李沫开着车拉着小吉去唱歌。这时候李沫开的已不是那辆淘汰的车子了，开的是一辆自己买的新车。

两个人在歌厅肆意地唱歌，唱校园民谣，唱邓丽君的歌，唱流行歌曲，唱着唱着，觉着不尽兴，就要了啤酒，一边唱一边喝。吃饭的时候没喝酒，唱歌的时候倒喝起来了，并且两人竟然足足喝了两打，到最后他们意见一致地唱那首《偏偏喜欢你》，两个人都唱得掉下了眼泪，相拥抱头痛哭……

那天两个人都没回家，而是在李沫的车里一觉睡到了天明。早上六点半，两个人又一起在小吃摊上喝了豆浆，吃了油条。

半年之后，李沫把小吉娶回家了。

结婚后，李沫一直疲于经营老爸留给他的化工厂，但盈利不佳，他那个小后妈在他老爸去世之后分走了大半的财产。加上因扩大生产规模，银行贷款利息不断翻滚，李沫几近资不抵债，就要破产了。李沫真想撂挑子，一了百了不干了。况且这几年，他也真是干得够够的了，关键这不是他想要的生活呀。

小吉却劝李沫坚持做下去，这怎么也是一份事业。但李沫真的是心情颓废，无心打理了，后来干脆把厂子完全交给小吉去打理。小吉一边要上班，一边还要打理厂子，整天忙得像个陀螺。

后来厂子几经调整、设备改换，竟然起死回生了。而李沫却醉里挑灯作画，又开始做起他的痴人来了，只是结果不尽如人意，他再也找不回当年的灵感，画了撕，撕了画……而他完完全全看着像个废人。

这年的夏天，一则同城新闻让李沫激动不安。苏洁作为旅美知名青年画家，应当地文化部门邀请回到本城办画展了。李沫特别想去见一见苏洁。

李沫去干洗店把最好的西装洗了，去理了自以为最妥帖的发型，连袜子和内衣裤都是买了最贵、最新的。

他到了画展中心，看见苏洁忙着和那些领导和同行说话，完全没有注意到他，但他的手心里紧张得全是汗。终于，看着苏洁不忙了，他凑上前去和苏洁打招呼，苏洁有些惊愕，有些欢喜说：“李沫，你怎么也来了？”

“我……我……我，我只是听说……”李沫吞吐得没有一句完整的话。

这时，手机响了，李沫听了电话，大惊失色，然后说了声“抱歉”，转身跑开了。

李沫开着车狂奔到医院，向护士打听着一路冲到急诊病房。小吉因为跟化工厂周边的村民协商调解占地赔偿的历史遗留问题，被村民给打了。好在伤势并不严重，只是一些皮外伤和肌肉拉伤。李沫问：“报警了没有？”小吉说：“没报。”李沫说：“你傻呀！”然后掏出手机要报警，被小吉一把夺过了手机：“算了，那些村民也不容易，当初跟政府签订的协议本来就有些吃亏。我只是气不过他们无理取闹。现在也是这种坏风气，都认为只有闹才能解决问题。这也不知是什么混蛋逻辑，也不管合不合法。”

“那也不能任凭他们这些刁民胡作非为呀，又不是我们一家厂子占了他们的地，不行，得报警。你不报，你是不是傻呀。”李沫坚持要报警。

但小吉却一下子掉下了眼泪：“我是傻，我要不是傻，我也不会跟他们闹了……”

小吉把后半句话又咽了下去，李沫听着觉得这里面有蹊跷。小吉不是轻易会跟谁起冲突的人，她喜欢淡然观望，或者躲避锋芒，不会轻易跟人针锋相对的。这次本来可以躲，可以置之不理的事，不知怎么竟闹到这步田地？

看着李沫一头雾水的样子，小吉的眼泪流得更凶了，一句：“我知道你今天去见谁了……”

李沫这才醍醐灌顶，如梦初醒。一时间，脑际纷乱，回到5年前那一幕让他终生难忘的光景。

那一年，苏洁出国，跟李沫告别，告别的地方竟然是机场。苏洁的走，是决绝而不容挽留的。李沫一时间心如刀绞，竟然没出息的一下子跪倒在地，像个无助的孩子恳求苏洁不要走。

苏洁一边用尽全身的力气拉李沫起来，一边劝解："谢谢你这两年一直陪着我，我不会忘记的，但……我们只能做朋友，真的只能做朋友的……"最后她觉得真是对苦心、痴顽的李沫无能为力了，干脆决绝地扔下李沫，头也不回地走了。那天就是李沫喝得大醉，意外撞见小吉喝多的那天。

后来，有件事在市里传了大半年，一位市领导巨额贪腐，裸官出逃，最后还是被引渡回国判了刑。这个人就是苏洁的父亲。这还不是最令李沫惊讶的，更令他无论如何也没想到的是，他的那位小后妈竟然也牵连在其中。原来，她一直是老苏的情人。

苏洁从那以后几乎失踪，在美国那边没有任何消息，李沫也没从任何一个同学或老师那里听说过苏洁的消息。而他隐隐约约地猜测，当年苏洁不同意和他确立恋爱关系，是不是也有他小后妈和苏洁父亲这座关系的原因，或者她早就知道，只是不想让李沫受伤害，或者是怕将来的关系复杂、尴尬。当然，这只是他一个人的猜测。

而现在，5年过去了，苏洁的意外归来又将代表和意味着什么呢？所以，李沫想要见苏洁一面，然而见是见了，却中途出了小吉被村民围攻受伤这件事。现在，他的心很乱。小吉这时止住眼泪，低声说了句："其实当年你去机场送她，我也是知道的，你那么跪下来求她，我也看到了……"

李沫听到这个，被惊出一身冷汗。原来，一直不显山、不露水的小吉竟然一直是这么隐忍、痴心、坚持，并且漫长，并不输他当年对苏洁的痴恋，只不过她采取的是另外一种不同的方式。

小吉说："你见到她了吗？"

李沫迟疑了片晌，低声说道："见到了。"李沫不想撒谎，但好像又在撒谎。因为人虽然是见了，但又跟没见一样，不知道自己说了"见到了"，小吉会怎么想。事实是什么都没有发生。

李沫抬眼看小吉脸上的表情，没有他预料的恼怒、猜忌与悲伤，而是一脸的平静。"那你打算怎么办？"小吉问李沫。

李沫有些惶恐，吞吐着说："没打算怎么办，我也没想怎么办，人见是见了，只是打了个招呼而已，多年不见，倒显得十分陌生尴尬了……"

李沫一字一句地说着这些，脸上的表情也是平静的，倒是小吉脸上的表情一层一层渐渐明亮起来，好像在说："到底，自己没有看错眼前的这个男人。"

在医院观察两天后，没什么大碍，小吉要求回家。手机里的当地新闻还有关于苏洁的消息，母校将邀请苏洁作一场讲座。在车上，小吉拿给李沫看，说："不如我们也去听听吧，权当回母校故地重游。这么多年了，虽然近在咫尺，竟然一次也没有回去过，倒是一个遗憾，不如恰好借这个机会，回去母校看看。"

李沫愣了一下，有些迷惑地看着小吉。小吉倒笑了："要不，你一个人去也行，我不去当电灯泡。"

李沫也笑了，是一丝苦笑，但明显没有脸红的尴尬，他心里此时坦然多了，因为两天前在医院里得知小吉原来知道他那么多事情，但从来都没跟他说过一句，并且这么多年一直跟他同甘共苦，也从来没有透露过半丝半毫的抱怨和猜疑。她对自己的这份“偏偏喜欢你”倒大于他对苏洁的那份“偏偏喜欢你”。

李沫说：“我一个人没那个必要去，不如我们一起去，对你，对苏洁，包括对我，对大家也许都是最好的。”刚才还一脸轻松玩笑的小吉，听到李沫这么说，突然地一下子泪流满面了……

车子经过母校的校园，李沫停下车，摇下车窗，风吹来，满是丁香花的味道……

06

我是一颗糖，努力游到你彼岸

乐乐遇到小木是在早春的一个清晨，小木是披着一身轻暖的晨光向乐乐走来的。

小木身材健硕、魁伟，随着步子的节奏规律跳动的半头长发，明朗俊秀的额骨，这一切，都让乐乐觉得迎面向她慢跑而来的小木比晨光还明媚。这是乐乐晨跑的第一天，她选择了这条离家最近，也足够长的路线。乐乐晨跑是为了瘦身，她刚刚告别了一次失败的婚姻。

离婚三个月，乐乐觉得除了要放平心态，更需要找回一份勇气，一份可以在余生重新找回自己的勇气。

初遇小木，乐乐判断他应该是个怪人，一个中年男子，留着长发，在这不足六万人口的小城，不像是世俗烟火中的凡人。但小木的这种“怪”不令人讨厌，也说不上吸引，只是激发人的好奇。

一连几天的晨跑，他们都相向而遇，背道而离。

乐乐不是花痴，也不是耐不住寂寞，她那颗曾被太多累、太多苦和太多伤压抑过的心，早已对一切波澜不惊。况且，她也已三十有九，即将迈入四十岁的门槛。一个四十岁的女人，什么事基本都能拎得清，如若不是遇见一个“神人”，是不会再傻得像个孩子似的，不顾一切地冲上去。她只是觉得，这个每天准时、规律晨跑的“大个子”，就像一缕轻暖的晨光，干净、明媚，仅此而已。

可是接下来的故事，超出了乐乐的预料。小木，就是一个从天而降的“神人”，没有驾着七彩祥云，但也同样阳光万丈。事情的开端缘于半个月以后晨跑俱乐部的一次集体远足。

那时候，乐乐已经报名参加晨跑俱乐部三天了，才知道俱乐部每个月都会选择一个周末举行一次集体远足活动。这次远足的目的地是青阳湖，往返路程是11公里。为了安全起见，有随行应急车辆和救急药箱。乐乐没想到这次远足的队长竟然是小木，他高高扛着一面鲜红的大旗跑在队伍最前面，就像一个英雄。

小木也的确是个英雄，因为在这次远足中，乐乐丢人丢大了。乐乐低血糖犯了，一阵头晕、乏力、恶心之后，四肢无力地瘫软在返程的半路上。尽管提前有所准备，但大家还是被吓坏了。打过120之后，随行的救急车辆一路狂飙，而在迷迷糊糊当中，不知是谁往乐乐嘴里塞了一块糖。正是那块糖，让她渐渐恢复了一点儿体力，朦胧的眼中看清了抱她在怀里的人就是小木。

等乐乐完全苏醒过来，被一大堆队友围观时，她像个孩子般害羞地红了脸，很抱歉自己给大家添了麻烦。而站在人群当中格外魁伟突出的小木，脸上似乎还残存着未定的惊慌，不合时宜地低声说出那一句：“为了瘦，不值得。人最基本要对自己负责，也要对别人负责。”

听着像句埋怨与苛责，但乐乐心里竟掠过一阵熨帖的踏实与温暖。那颗糖也许是早有准备，是为了预防队友的不测；尽管那颗糖不是单为她准备的，但她还是觉得，那颗糖是属于她一个人的。

乐乐渐渐地与大家熟识起来，当然也包括小木。他很安静，话不多，但古道热肠，很受队友们欢迎，也受大家的敬佩与崇拜。敬佩，是因为小木远归千里来小城照顾年迈的母亲；崇拜，是因为小木的职业，他是一个剧作家，虽然还不那么出名，但这样的人在小城里还是很少见，或者几乎不可见，至少在这座小城，应该就小木一个。

小木的生活简单、规律：跑步、写作和照顾老人。小木每天早晨5:30晨跑25分钟，然后回家做早餐，伺候身体不便的母亲的起居，推她到院子里晒太阳，然后工作——写剧本，一直持续到下午三四点钟，他推上轮椅，带母亲在小城的街道逛一圈，或者去看看广场舞，去瞅瞅母亲原来的老同事，母亲脸上就有了笑。

小木的母亲除了中风，阿尔茨海默症也已持续了好几年，她所能记得的东西越来越少了。所以，小木没有带母亲去他所定居的城市，而是选择回到家乡小城照顾母亲。因为他定居的城市对于母亲来说一切都是陌生的，而小城还有母亲残存而顽强的记忆。他不想母亲这么快忘记这个世界，也不希望母亲迅速地被这个世界遗忘。当然，他最怕的是到最后，母亲连他也忘记了，尽管那一天迟早都会来，但小木努力地希望，它能来得晚一些，再晚一些。

好多人好奇小木的婚姻，但其实也没什么可好奇的。三年前，妻子患病离世，18岁的儿子在一所二本院校读大一。有人问小木，是不是考虑再找一个，毕竟未来的路还长着呢，日子也久着呢。小木哑然轻笑，或者顶多说一句：“没那心思了。”所有的人便默然，有赞许，也有叹息。

不过有一次酒醉，小木吐露了真言。小木说妻子走了，自己心里一直过不去那个坎儿，他必须让自己过得了心里的那道“情关”。天下的“情关”都说是活人与活人之间的，但活人与离去的人若仍有“情关”，那便是难得的宝贵了。小木醉眼蒙眬，却一脸的痴情，当然还有悲伤。任哪个毫不相干的人听了，都忍不住泛起一份心酸的柔软，而乐乐直听得落泪。

小木说，有生病的老母亲，还有未成家的儿子，这一切，他都要好好担负，好好完成自己的职责，他也不想因此去拖累一个不相关且无辜的人。直白的结论，人们听出来了，就是：他要陪完老母亲的晚年，等儿子结婚成家才肯考虑自己的事情。

乐乐惊讶天下竟然还有这样的男人。而在这感动的泪水背后，她还有一份纠结的自责，那自责来自于自己的一份恍惚的“非分之想”。然而这“非分之想”却让乐乐感觉到一份奇怪的温暖。那温暖不是爱，也不是梦，倒像是一种莫名的依赖。而那依赖缘何而生，又缘何直抵灵魂的深处，她竟也无法解释。或者这一切都很简单，只是那充满阳光的味道，像雾状的温暖在她的心里悄悄弥漫开来，氤氲抵达……就像小木他本人一样，那么简单又如此阳光。

乐乐是欢喜的，又是不安的。小木对这一切毫无察觉，而乐乐也似乎莫名地怕小木有所察觉，担心察觉明了以后的结果。小木不是冷漠的人，但乐乐更怕那种坦然的拒绝。

乐乐就是这样，把小木塞到她嘴里的那颗糖慢慢地在心里独自酿成了酒。然而这一切并不妨碍她与小木相互熟识，他们一起晨跑，一起聊天，和队友们一起把酒言欢，甚至单独相约喝一杯

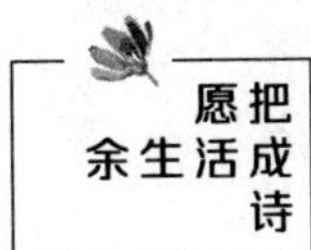

茶，谈他的剧本，谈他的青春、婚姻、儿女，烟火年轮，时光疏密，都娓娓自然道来；他们甚至谈到人生，谈到理想。他们都幸喜他们有这么一份难得的默契。

这默契若是能永远，该多好！乐乐禁不住这样幻想。但命运总是和人开着不期的玩笑，一年之后，小木的母亲离世，小木任由本家、亲戚、朋友料理丧事，而他在灵前一直哭得像一个找不到妈妈的孩子。

小木的儿子因为奶奶的离世回来了，和小木一样高高大大，但不似小木那般伟阔，而是瘦削白嫩，眉宇清秀，应该像他的母亲。不多言多语的样子倒像小木，磕头礼拜的举止，大概是因为不懂，拘谨慌张，惹人发笑。

世间生死大事，其实也是父母儿女的一场经过罢了，有相遇，就有离散，只是这离散，要承受巨大的悲伤：你给的一切终有一日都会消失，让我不再拥有。

丧事办完以后，小木计划离开，这也是意料之中的事。小木的剧本写了一半，合同方一直在催，但小木却做了一个意料之外的决定，小木说自己写不下去了。更让人惊讶的是小木选择去援藏两年，报了名，做了体检，一切合格。人们相传援藏两年会有二十几万的收入，小木这可能是为他儿子的将来做准备，他不置可否。

乐乐得知这个消息，倒不惊慌，反倒安然。其实，她是想过和他一起去的，哪怕将来落不到夫妻的名分，或者没有那个福分都不重要，只要与他在一起，哪怕只是在另外的一片天空下，清晨一起跑跑步……

但结果是她去不了了。小木的行程通知与她的病理报告几乎同时到达。一个星期前，乐乐在医生的常规安慰和自己的并不在意中做了那个小手术，但却收到了万中有一的不幸结果。

彻夜的难眠，不是因为怕死，而是因为悲伤又一次辜负。不是辜负小木，他们还没有开始，哪来辜负。乐乐只是觉得辜负了自己内心的那一颗糖，那一腔久酝的烈酒。还未来得及给小木尝一口，那只是她一个人的独醉。

小木打来电话说明天要走，乐乐明白，那是小木礼节性地说一声告别，或者是一个如常的送别。乐乐强抑着眼泪，努力平静，努力祝福，努力让在电话另一端的小木丝毫觉不出异样。她说她会准时去送他。

在车站，队友们也都来送小木，扛着晨跑俱乐部的大旗，说着欢迎他再回来的话。乐乐安静地躲在一旁，只是和小木对视了一下，相互浅笑，心领彼知。小木终于进了站口，大家渐渐散去，乐乐钻进车里，关上车门后，终于捂紧了脸，拼命压抑排山而来的呜咽……

世人笑：傻。傻是傻了一点儿，但傻也有傻的所衷。小木坚持不去做的事，乐乐也坚持不去做。

乐乐噙着嘴角一阵阵咸咸的泪，心里的那颗糖早已熔化得了无踪影，而独留小木的身影站在她心的彼岸，如一缕初见的阳光……

07

此生，你和谁永隔一江水

叶子那年远行千里来找宋成，坐了16个小时的火车。那时的火车车速慢，且逢站必停。叶子清楚地记得从出发到下车，她一共经过了9个站点。然而，当一个人对另一个人的向往和牵挂愈加愈重，重到愿用生命承负的地步，就再也不怕任何的山高路远了。

那年的叶子不是17岁，而是37岁，早过了冲动的年纪。叶子是三番五次、反反复复想清楚了的，不管此行的结果如何，她必须是要走这一趟的。尽管她也知道，拿定这样的主意是有些孩子气，但这“孩子气”不是她异想天开的一时冲动，而是属于她自己的一份笃定。

叶子有过一段美好的爱情，她本以为那就是她的一生了，但天公太不讲情面了，她和阿松6年的惺惺相惜、如影随形、相濡以沫、耳鬓厮磨，因为阿松本来平常的一次出游而成了永生的诀别。

阿松是个摄影师，经常去野外拍景，那是他的工作，也是他的生活。那次不是去无人区，也不是去丛林，只是去一个常去的水乡旅游区，但阿松却意外落水了。水不急，也不深，并且阿松的水性也是不错的，他还是游泳俱乐部的成员呢，但那一次偏偏就那么碰巧，也偏偏那么意外，更偏偏那么不幸。

后来，法医鉴定阿松是肺部呛水而亡。对一个熟悉水性的人为什么会有这样的结果，法医没有给出确定的答案，只是给出了几种可能，比如被水草绊住，比如突然抽筋……那些可能让叶子想得头痛欲裂，想得痛不欲生。

此后的很长一段时间，叶子停止了一切的工作，推掉了所有的应酬，包括安慰。叶子是一个自由撰稿人，为几家时尚杂志写专栏。但那之后的三年，叶子没有写一个字。

她酗酒、抽烟，并且长时间地蜗居在家，不拉开窗帘，不见阳光，像一个隐居者。

直到那天，她无聊闲翻一本杂志，读到那篇文章，被那个故事深深地吸引，也深深地被打动，突然感觉到生命的温暖。

故事的题目是“一个独孤者的音乐王朝”，故事的主角就是宋成，一个用生命谱写原创音乐的人，传奇坎坷的经历和一举成名的光环以及他低调温暖的“我只做我”让叶子深深震撼，感觉阳光万丈普照生命。

叶子几经周折找到宋成的居所时，宋成有些惊愕，但还是温文尔雅地接待了她。叶子先是找了一家离宋成家只隔了一条街的小旅馆，然后每天早来晚归来看宋成谱曲、唱歌。她为他收拾房间，做饭洗衣，买烟买酒，也像个孩子似的出神地看着宋成专注工作的样子。宋成没表示什么，倒像是心安理得地领受。叶子也写了几首歌词给宋成看，宋成或皱眉不屑，或大加赞赏。对此，叶子也像个孩子般忧愁、欢喜。

叶子后来搬到宋成家里来了，宋成安排她住在采光最好的二楼，宋成住在一楼。叶子又开始给杂志写稿子，她还把宋成院子里的一片空地种上了花，用稿费从花卉市场买来一大车已培育好的玉簪，不出一月，满院花香。

叶子后来说，她愿意留下来。理由是：她喜欢留下来，因为觉得他身边有阳光，有她需要的阳光。然而，宋成委婉地拒绝了。宋成说：你现在觉得适合，也许只是天真。

叶子说："我不怕你老呀。"

宋成说："我也不怕老，我只是怕辜负。"

时年，宋成已56岁。

叶子像个孩子般地固执了几日，终究还是离开了，但她说她还会再回来的。

但叶子却没有再回来。

103天之后，宋成在报纸上看到叶子自杀的消息，一夜白了头。从此，再无一曲问世。

世间的有些缘分就是这样，它不是来得太早，就是来得太晚，早到只有一个人明白，是不行的；晚到只有一个人的勇敢，是不够的。

08

老城的一城阳光，新鲜爱情正在悄悄发生

投我以木瓜，报之以琼琚。匪报也，永以为好也。

投我以木桃，报之以琼瑶。匪报也，永以为好也。

投我以木李，报之以琼玖。匪报也，永以为好也。

——诗经《国风 · 卫风 · 木瓜》

生命是一场偶然的相遇，穿越苍茫，穿越星河，乘风而来；爱，也是一场偶然的相遇，因为在这穿行之中，我独看见你的光迹，闪耀了我的全世界，群山葱茏，万鸟合鸣，江河不息。

春风舞花开，细雨弹柳绿，这人间最美的盛景，我们相遇已是天下最珍贵的幸运。我愿做一颗星，亮在你的天空；或者做一朵花，为你绽放一个季节的芳香。不管满路花开，还是风雪千里，我都愿成为这个世界上对你最好的人。就算不得永生，也一样无惧苍老。这就是最好的奇迹！

桃城的那条老街真是老了，老到太多人都忘记了，老到太多人都离开了，老到没人再关心它的故事。然而一切的老，都挡不住会发生新鲜的爱情。

老街口的拐角处，一对年轻的小夫妻经营着一个小店，卖

些零零碎碎的饰品、工艺礼品和一些家居摆设的小物件之类的东西。小店很小，在老街林林总总的店铺中一点儿都不起眼，招牌做得不大，亦不华丽，只那一个别致的名字——一串红豆，才引得无事闲逛的人的侧目，让多情人的心不免生出些温暖。

每个来小店买东西超过10元的顾客，小店的主人都会送上一串可以套在手腕或挂在颈间的红豆。这算不上什么精明的商业促销手段，而是他们希望在老街住或来老街逛的人能够记住他们，记住老街有这么一家小店。

小店不过三四十平方米，隔为里外两间，外面摆着各类待售的物品，里面住人，生火、做饭、洗漱、生活，一个逼仄狭小的空间，却也是一个小家。

女主人是一个年纪不过二十一二岁的少妇，不艳、不娇，但眉间、额上也透出几分秀气，名叫秀秀。秀秀的怀里抱着一个七八个月大的孩子，胖嘟嘟的样子惹人疼爱。男主人名叫成子，他有时候在小店里，有时候出去揽些室内外装修的小活儿，维持一家三口的生计。日子是拮据的，却也平静幸福，因为他们相爱、相守，便少了些许计较。

他们的相遇是个偶然。成子那年高中毕业，来桃城打工，来了半个月，可工作不好找，只好四处打零工。遇见秀秀那天，成子刚在永兴路的街口发完一家超市的促销广告。虽然离中午还早，但他的肚子早已饿得咕咕叫了，一连好几天都是这样，一天只吃两顿饭。成子在附近的一个饼店买了4个烧饼之后，在街上边走边吃，留心看着街边墙上、电线杆上贴着的招工广告。

“呀！”一个女孩儿惊叫起来。白白的米饭、五颜六色油腻的菜洒了一地，一个抱了一摞盒饭的女孩儿被成子撞倒了。然而成子没有听到女孩大呼小叫地谩骂，他只看到一个柔弱、文静的女孩。看她的穿着和表情，大概也是刚从农村来的。她只是气急而委屈地说："你怎么走路不看路呀。"脸红得像熟透了的西红柿。

"对、对不起。我不是故意的，你看，我、我……"成子一脸的紧张、尴尬。成子慌慌张张地掏空了所有的口袋，却只搜出了二十几元。成子一脸的追悔与窘迫使女孩深感失望。

无奈之下，男孩只好把手腕上那块老上海牌手表押给了女孩，告诉她3天后自己来还钱，赎回手表。女孩一脸的将信将疑，但还是怯生生地接过了那20元和那块看起来已算得上古董的老上海牌手表。

女孩告诉成子她叫秀秀，在永兴东路257号的一个叫兴隆小吃的快餐店打工。

3天后，成子从一个工地上的老乡那里借了50元钱来找女孩。女孩从兜里掏出那块老上海牌手表递给成子，却没有接成子递过来的那张半新不旧的钱。秀秀小声地说："其实你也不是故意的，当时也怪我太慌忙，不能全赖你。我们一人承担一半，手表你拿回去好了……"成子有些感动，在这陌生的城市里，没有人会在乎他的存在，他的渺小孤独因为一份朴素的善良，莫名温暖。

后来，成子去了一个工地干活。生活总算是有了着落。成子常去秀秀打工的那家快餐店吃饭，只要每天累得快要倒下时来看一眼秀秀，浑身就会觉得轻松。秀秀也希望男孩来，只想能和他有意无意地说上一两句话，因为在成子面前没有陌生，更无须防范，有一种久违的亲近感在心头。

然后他们相爱了。没有说“我爱你”“我喜欢你”之类的话，也没有玫瑰和巧克力。成子只是花了10元，在一个小店里买了一串红豆套在了秀秀的手腕上。

成子和秀秀的工资都很低，他们爱得清贫、简朴，甚至拙劣，但却分外认真、执着。

一年多以后，秀秀带成子回甘肃老家。秀秀的爹一脸严肃地抽着呛人的旱烟说，如果想跟秀秀结婚，就拿10万元的彩礼钱。

这个数目对于一般人家来说可能不算太多，但成子却吓坏了。他无计可施，只好硬着头皮回家去央求父母。成子的爹妈听了也极力反对，不过看着成子死活坚持的样子，只好连凑带借，最终凑到了8万元。成子也不好再为难父母，就找同学、朋友去借，结果还是只凑够了9万元，实在没办法可想了。成子把9万元存入一张银行卡，只身去了甘肃。

秀秀爹，那个从来不苟不笑的老汉瓮声瓮气地说：“行了，9万就9万。明儿，你和秀秀就回吧。俺这里也没有啥好送你的，有点儿从山上摘来的干货，你拿着……”

回桃城以后，成子又从一个老乡那里借了500元，在他们花200元租的那间小房子里，一张小床上坐着他们小小的两个人，两个从街上流动快餐车买回来的小菜，一瓶10元的当地白酒，两只小小的玻璃酒杯。这就是他们的婚礼，没有长长的迎亲车队，没有鞭炮，没有婚宴大厅里座无虚席的亲朋，只有他们两个人。但他们还是完成了所有的仪式……

10个多月以后，他们的儿子出生了。两年后，他们在偏狭的老街开了这家叫作“一串红豆”的小饰品店。生意虽然不太好，但秀秀带孩子出去做活儿不方便，好歹有个事做，挣点零花钱，也不用再单租生活用房。成子每天在外面揽些装修的活儿，现在每年已能挣上七八万元了。

虽然他们依旧清贫，但秀秀说，将来她会开一个更大一点儿的店，开到新城街去。成子也说，他会成立自己的装修公司。他们说好了，要好好努力。

他们说这话的时候，其实已经是10年前了，现在他们真的实现了他们的梦想。秀秀在新城开了一家新店，卖玉石。成子是一家小装修公司的老板。

阳光满地，春暖花开。

09

每个二货，老天终会可怜他

老秦是个二货，30岁，单身。

30岁还没有结婚，也不算什么稀奇。30岁的女人没结婚的也不少，何况老秦是个男人。但稀奇的是，老秦还没有女朋友，这就让人匪夷所思了。

老秦看上去各项指标都正常，浓眉大眼，四方大脸，络腮胡子，粗手大脚，肤色黝黑，标准身形的大汉。性格方面，除了时常犯二，偶尔在办公室里跟几位女同事调笑一下，也没发现其他什么不对劲儿的地方。可老秦就是一直找不到女朋友。

我跟老秦算不上生死之交，顶多就是酒肉朋友，每周至少一次胡吃海喝。有一次，我和老秦在单位附近吃麻辣小龙虾，喝高度二锅头，不知不觉每人干掉了一瓶。老秦的嘴就像山洪暴发，不可控制了。

老秦说完国际形势，说国内形势，说完官场说商场，说完美国的航空母舰说山东大葱的价格，东一榔头，西一棒槌，口无遮拦，像洒水车一样……最后还说到了明星八卦，男人、女人，一大堆。老秦说女人的话题从来没有经验，因为老秦不懂女人。因为不懂，所以犯二。因为犯二，所以这次挨揍了。

其实老秦也没说什么，他只是从一个女明星“精彩”且神秘的成名路说起，借题发挥，然后说了一句“唯女子与小人难养也”。这不是重点，重点是老秦把其中的两个词给换了，换成了“唯娘们儿与贱人难养也”。

结果邻桌的两个小姑娘不干了，不屑地斜了老秦一眼，骂了句：“傻×二货，你不是你娘生的么？”老秦一下子恼了。老秦有个弱点，你骂他什么都行，就是不能说他娘，谁说跟谁急。老秦眼珠子都红了，当然也有酒精的作用，非要起身教训那两个小姑娘。

结果那两个小姑娘丝毫不示弱，标准的女汉子，掂着啤酒瓶就过来了，我一看形势不妙，连忙上前说好话，想替老秦解围。谁料这时旁边又过来两个铁塔般的黑形大汉，文着身，一把将我和老秦堵住。只见那两个女汉子上前一人往老秦脸上抓了一把，老秦顿时满脸开花，惨不忍睹，然后那两个女汉子吐了几口唾沫，扬长而去。

我狼狈地安慰老秦：“好在人家没拿啤酒瓶给你脑袋开瓢，下次出来一定要记着，管好你这张臭嘴。”

我扶着老秦摇摇晃晃地往回走，结果走到半路上，老秦哭了，像个娘们一样，一把鼻涕一把泪地向我吐露了他的心事。

原来，老秦大学时有个女朋友，长得还蛮漂亮，是外语系的。三年来，老秦鞍前马后，极尽奉承，爱得认真，也爱得万分辛苦，但结果其女朋友却在大四的时候跟别人好上了。而老秦这几年不过是人家的一张临时饭票而已。

从那以后，老秦就坐下了病，一朝被蛇咬，十年怕井绳。见了女人，表面上戏谑，内心里却本能地提防，甚至抵触，从来不敢深交。但岁月逼人，老秦虽不在意，可他老娘着急上火呀。每年过年老秦都找各种理由，不是主动要求加班、值班，就是四处躲藏，像逃难一样不想被逼婚。

抵不过他老娘的执着，老秦总有躲不掉的时候。一次，老秦的老娘从八百多里外的老家县城赶来，在单位门卫处将老秦堵住，非要拉他回家。老秦死活不肯，结果老娘直接递给他一张照片。

五一放假，老秦被他老娘带回老家相亲。回家之前，他老娘在这里一共住了7天，就是要等老秦放假，非把他带回去不可。老秦其实想了好多办法要逃走的，但是走的那天，他改了主意。

后来，他跟我说："知道我为什么改了主意吗？"

老秦说，他老娘住在60元一天的小宾馆里，吃了一个星期的榨菜配清水煮面条。

老秦本来是心里过意不去，只是打算回去应付一下这次相亲的，但结果竟然出乎意料地相亲成功了。

老秦从老家回来主动请我喝酒，给我看女孩的照片，并告诉我女孩是在他老家县城教高中的老师。他喜形于色，溢于言表，每个毛孔都散发着荷尔蒙爆棚的迹象。

老秦开始每天抱着手机，也不理我了，叫他一起喝酒有时候也没空了，小龙虾对他也没有了诱惑。他开始跟我借车，周末下了班连夜开车八百里去赴第二天的约会。

老秦疯魔了。的确，若是真的好爱情，的确会让人疯魔的。只是到底是怎样一个姑娘，让受过伤害的老秦又一次活了，它一直是一个谜。

老秦没说，我也没问，怕一旦说出口来倒显了苍白，或者冥冥之中泄露了天机。只希望他们能一直这样好下去，水到渠成，功德圆满，皆大欢喜。可是最后，他还是跟我开了一个玩笑，也跟自己开了一个玩笑。

老秦在出租屋里抽烟，把那个临时的家抽得像火灾现场。她跟我说，要和姑娘分手。

我说："你有病呀。"

老秦说："我没病。"

我又说："那姑娘有病？"

老秦说："那姑娘也没病。"

我说："那谁有病？"

老秦说："这个世界有病，这个世界让人买不起房。"

我一时语塞，竟不知该怎么回答。老秦说，一开始他想在这里付个首付买套房子，结果现实让他死心；然后老秦想回稻城老家全款买套房，结果却被告知首付都不够，老秦绝望了。

老秦的女朋友要求不过分，说你在省城买不起，最起码在老家买一套，好歹得有个自己的窝儿吧。老秦脸色尴尬，人之常情，无力反驳。

一段时间，老秦又变成了老秦，喝酒、抽烟，吃麻辣小龙虾，吃到天天拉肚子。后来，他老娘来兴师问罪，问老秦："对象处得好好的，为什么又出了幺蛾子？"

老秦低着头说："不合适。"

他老娘急眼了，问："有什么不合适……"

半个月后，老秦拿到了一纸合同——商品房买卖合同。首付36%，在五环买了一个小两居，不到70平方米。

拿到钥匙那天，老秦哭了。"我妈把老家的房子卖了，跟学校申请了一间宿舍……"老秦老娘在老家县城的一所初中教书，已经教了28年了。

老秦爹呢？我想问，忍住了没问。但老秦却平静地对我说："我爹在我8岁的时候，跟乡里邮电所的一个女的好上了，然后跟我妈离了婚。现在脑血栓，从所长的位置上退居二线，现在每天拄着一拐杖四处打麻将，他没给我打过电话，我也没给他打过电话……”

令人惊喜的是，老秦这房子真是买对了。没几个月，房价疯涨，老秦的房子总价也涨了30万元。这时老秦又干了一个惊人之举——把房子给卖了。

老秦把卖房子的钱拿回老家，在县城重新买了两套房，一套七十多平方米的小两居，一套一百一十多平方米的大两居。一套给老娘住，一套自己结婚住。

在老家县城教高中的女朋友表示同意，说自己暂时也不想去省城，在老家还方便照顾父母。

老娘说老秦是个好儿。老秦说他不是。

三个月后，老秦结婚了，在老家婚礼办得还算风光。老秦的新娘，说不上很漂亮，但娇小可爱，一脸的阳光。只是婚纱好像瘦了点儿，这一秘密，六个月后被戳破——老秦得了个儿子。

老秦已经不和我在一个公司了，他跳槽去了另一家公司，薪金丰厚。老秦说，他需要钱。

老秦打电话来说办满月酒，我说：“难得你这么能干，我给大侄子随个大份子，包1000元红包。”

老秦在电话里坏笑：“你得随双份，得包两个红包。”

我说：“你小子不要贪得无厌，你敲诈呀。”

老秦说：“我生了俩小子，双胞胎。”

我心痛，这二货还真是能干！挂掉电话，我眼前浮现出老秦老娘的样子，无比的慈祥，一脸的坚定。

老秦这个二货，老天终于帮了他一次，而这个“老天”，除了他娘，再没第二个人。

芳华向左，芳心向右

见着明华，有些意外。我是去电器商场买净水机，而明华是来选电视、冰箱的，当时他正在跟促销员商议电视墙的宽高和要选择电视尺寸的比例。促销员的意思是，不如一步到位，选个大尺寸的，省得过两年又淘汰了。然而明华坚持说，这电视是买给老人看的，怕买太大了，看惯了小屏幕的老人乍一看大屏幕不习惯。其潜台词可能是：“买回去一个让老人惊讶的大电视，老人肯定会计较费不费电。如果老人心疼电费，自然不肯心情愉悦地久看，甚至还会责怪不该这么浪费。”如果是这样一个结果，那还不如不买。明华是个孝子，这是无疑的，在我们的印象中一直如此。

促销员只好再带他去参考其他尺寸的电视，一转身，迎面就撞见了往二楼走的我。我们几乎同时惊呼，有一种他乡遇故知的惊喜。与明华，算来已5年未谋面。这次竟然能在这里相逢，实在是冥冥之中自有的缘分。

而我的惊讶较他更胜，因为此前知道他在北京做物流生意，很忙。现在突然出现在这里买家电，这其中必有缘由。

几句寒暄之后知道，原来明华在家乡的小城买了一套小两居，给乡下的父母住。明华看上去也有了一些中年的沧桑，头发稀疏，小肚腩也有了，我们彼此笑笑，半斤八两。

老友意外相见，必然要去喝两杯。我们约定晚上见面。本来想再叫上几个同学、朋友，但明华说："罢了，现在不胜酒力，若三五成群，必定喝多，伤身费神。不如就我们两个，小酌叙旧，自然随和，又没拘束，更好。"

我思忖半天，亦赞成。我强调此次由我安排，毕竟应尽地主之谊。他也不和我争，自然领受，因为我们之间已无须彼此客套。当年，我们在学校两个人共用一个饭盆吃了三年的菜，从来都没有分过彼此。

因为他有刚从乡下接来的父母在家，所以我们选择了一个离他家稍近的地方，找了一个较为清静的卡座。我带了两瓶陈年老酒，而明华带来了一瓶红酒，我看了商标，价格不菲。

我笑话他："你说咱两个大老爷们喝红酒，是不是有点娘炮，咱还是喝白的吧。"

明华也笑，说："当真是喝不了了，那些年喝了太多的白酒，把肠胃、肝肾都喝坏了，到了得必须保养的地步。眼下人到中年，事儿总是太多，上有老下有小，生意上也是每天忙得焦头烂额，酒当真是不敢再像以前那样喝了……"

听他此言，我亦明白了他为什么坚持不再喊别人来的缘由，也就不再强求于他。我同他亦是一样的中年之身，自然有所感同身受。但心中的热情还是勉强了他一句："我这老酒可是只与你这样的故人才喝的，拿都拿来了，我们两人一瓶吧。怎么拿来的怎么再带回去，好像也没这个道理。"

明华苦笑："无论什么时候都得依着你，你这强人所难的毛病还是没有改彻底。"我们都哈哈大笑，这是我们之间久已习惯的默契。

当年，我们两个在酒场上也是英姿豪爽，一路杀将过来的，喝到不停地吐苦胆，去医院打吊瓶也常有发生。如今，时过境迁，年华渐老，再逞不得英雄。

这应是我们之间最好的默契，也是最应好好珍惜的友谊了。所谓先干为敬，多数都是客套场面上的礼节，而真正的兄弟都是互相体谅，两相照顾，时刻都揣在心里。愈老愈显得此情的宝贵，就像老夫老妻，没了芳华耀眼的浪漫，日日相随、步步相搀才是人间最熨帖也最美的晚景。

三两个小菜，我们举杯轻酌，酒虽浅，意却重，评说世界，笑谈儿女，也别有一番酣畅。我们都不是当年那个意气风发的小伙子了，没有了挥斥方遒，唯有心里的味道都是久经过风雨的厚重。言语平常，却都透着朴实的底气和坚定的重量。

明华，当年应该是比我更胜勇一点儿。为了不甘小城的朝九晚五，只身一人去北京闯天下，赔过几十万，也折进过拘留所，赔付的大把青春还不算在内。最惨的时候，一连住了三年潮湿阴暗的地下室，包里揣着馒头、矿泉水去推销产品；为陪客户、拉生意，喝大酒，喝到醉倒在冰凉的大街上、桥洞子底下、地铁站也是常有的事。

为了爱情，他只身一人去过陕西。老丈人见他是个又黑又穷的小子，还百般纠缠自家的闺女，叫来了村里的一帮人，差点儿没把他腿打折。幸亏有一心一意愿跟着她的媳妇拦着，他才没狼狈而返。后来，他老丈人管了他一顿羊肉泡馍，吧嗒着呛人的旱烟说了句："小子，要想领俺闺女走，三万彩礼一分都不能少。也不是我老汉贪财，我就看看你小子有木（没）有这个本事。"

明华当时心里是挺生气的，但更想赌一口气。

结果，他回来找我们几个同学借钱，那时候我们每月也就五六百元的工资，哪里有那么多钱借他。但我们还是尽最大可能帮他凑了两万三。临走的那天，明华跟我们坐在一起，掉泪了，连喝了三碗酒，一口菜没吃，说："兄弟今儿走了。明年，钱我会一分不少的还清。但今年我一定得把媳妇娶回来。"此时的我们都挺尴尬的，这尴尬里有我们的捉襟见肘、无能为力，也有为明华这般悲壮决绝的果敢与勇气。

明华没有食言，当年把媳妇娶回来了，第二年，把钱也都还了。还钱的那天，我们喝着明华从北京带回来的三块五一瓶的二锅头，纵酒玩笑说："华子，你得努力让你媳妇生双胞胎，到时候我们随双份儿的份子。"

结果我们都躺枪了，这王八犊子还真整出个双胞胎来，还是龙凤胎，一双儿女，万般可爱。

结婚后，明华的生意日渐有起色，虽有千辛万难，但再没请我们喝过三块五的二锅头。过年的时候，还开着他花三万五买的那辆二手车带我们去兜风。几个三十而立的老爷们在还满街摩托车的小城风光了一把。

但好景不长，金融危机那年，明华也不可幸免地遭遇了人生最大的寒冬，赔了个底儿光，连吃饭的钱都得靠老家的爹娘接济。去要账，被几个人打了，当然他也打了人家，结果蹲进了局子。那两年，他几乎狼狈地沦为一个乞丐，但有一件事让他至今难忘，说一辈子也忘不了人家的恩德。

那个人就是他的老丈人，他老丈人那年把家里的一百多只羊都卖了，连个吃奶的羊崽子都没剩，帮明华在生意上渡过了难关。

明华跟我们说这件事的时候还掉了泪，我们记得，这是他人生当中第二次掉泪，也是至今的最后一次。

如今，明华在北京五环有自己的物流公司，在天津、河北的固安和燕郊都有房产。一双儿女都上了大学，一个在北京，一个在上海，真争气，也让人羡慕。

这次回来，明华说北京生意不那么好做了，想回老家选选项目。眼下先买个小房子，把年迈的父母从乡下接来，打个前站，一切慢慢筹划。明华说，现在也没什么雄心壮志了，只是想脚踏实地的一步步把有能力做好的事做好，这样也是万般不易的。但努力做，这一点不会变改。

人生的路上，我们越来越老，青春已昨，但我们愿怀着一颗万丈阳光的心：芳华在左，芳心向右。

哪里有爱，哪里便是家，一生努力，都是为获得幸福，尽管你要为这幸福付出辛苦，也付出艰难。受过伤，付出眼泪，但你终会坚强到能从容面对这个世界，原谅这世界的冷酷，也坦然接受这世界的薄凉，然后努力活出自己的温度，也活出自己的风采。

年华会老，唯有爱的责任让你一直那么努力，始终年轻，不敢懈怠分毫。不管你受了多少苦，流过多少汗水，咽下多少委屈。回望来时路，站在当下看自己，你终于长成了一棵参天大树，满树葱茏，庇护一片爱的绿荫，给你爱的人和爱你的人遮蔽人生的风雨，也簇拥平凡岁月里烟火平常的温度。

江湖浩大，世界繁华，青春用来飞翔。芳华逐梦，你终会渐渐从意气风发、潇洒风流走到一身担当、坚定从容，面对风雨不改颜色，笑对烟火，不忘初心。

谁生来都不是甘愿为庸庸而来，也不是为碌碌而活；每个人都有活出精彩的理由，也必定要有不颓废、妥协的勇气。

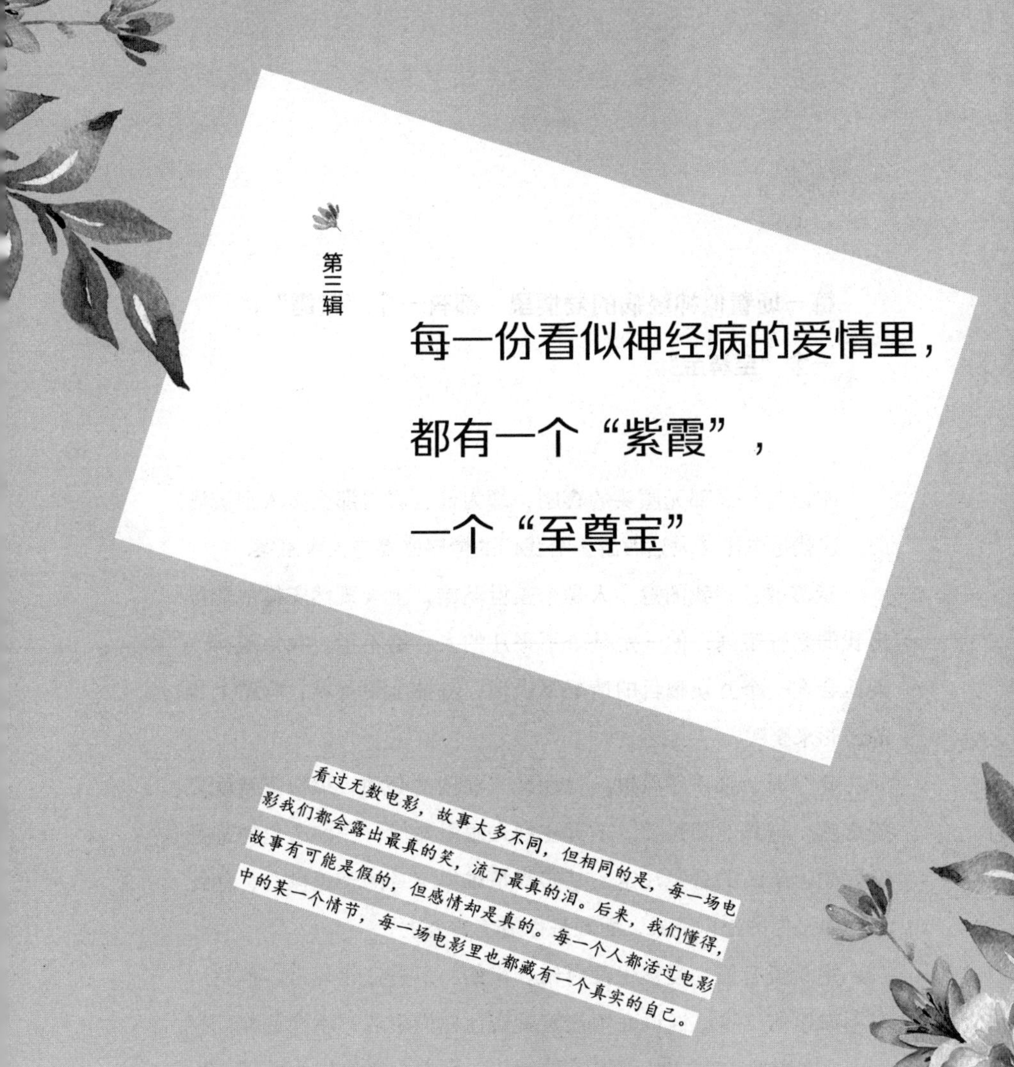

第三辑

每一份看似神经病的爱情里，都有一个“紫霞”，一个“至尊宝”

看过无数电影，故事大多不同，但相同的是，每一场电影我们都会露出最真的笑，流下最真的泪。后来，我们懂得，故事有可能是假的，但感情却是真的。每一个人都活过电影中的某一个情节，每一场电影里也都藏有一个真实的自己。

每一场看似神经病的爱情里，都有一个“紫霞”，一个“至尊宝”

本以为一是部无厘头的喜剧，却为什么看得那么多人泪流满面。这就是电影《大话西游》给我们的情感盛宴与人生答案。

紫霞说：“我的意中人是个盖世英雄，上天既然安排他能拔出我的紫青宝剑，他一定是个不平凡的人，错不了。我知道有一天他会在一个万众瞩目的情况下出现，身披金甲圣衣，脚踏七色的云彩来娶我。”

年少时，谁不曾有过自己最纯真深情的心动，那份喜欢就只是喜欢，与其他都无关。不管在别人眼里如何，在你心里他都是最好的。所谓的命中注定，其实都是难得宝贵的一见倾心，你便相信他是你的盖世英雄，而她是你最美的公主。

遇见没有错，爱情也没有错。错的，只是命运无常，包括所有不如愿的结局。谁说命中注定就会让你们相遇，就会让你们有一个完美结局？现实往往比这更悲惨，那些你曾经以为的“盖世英雄”，到末了都混成了“现世草包”，堕落成了无责任心、不求上进，没有真本事，只有臭脾气，或者没脾气，没骨头，只醉于酒、恋于赌的一摊“扶不上墙的烂泥”。

世事本如书，却被一些人撕得一地狼藉。你只是把最好的青春和最美的爱情付于了一场年幼无知的天真。

至尊宝说：“你又知不知道？我一直在骗你。”

紫霞说：“骗就骗吧，就像飞蛾一样，明知道会受伤，还是会扑到火上。飞蛾就是这么傻。”

多少人，明明知道不可能，却依然坚信。他（她）不是忠于某个人，而是忠于自己的那份爱，那份真心。不做妥协，不肯退缩。

紫霞：“哎呀，就是你啊。你怎么知道的？就是你啊。你知不知道我刚才都不知道怎么跟你说，你真聪明。”

紫霞：“那我们立刻开始这段感情吧。你先亲我一下!”

至尊宝：“哟，自动送上门儿来了。”

紫霞：“你骗我，你根本就不想亲我，你刚才说的话全都是骗我的。我懂了。”

天下最有勇气的表白，往往不是一个男人说“我爱你”，而是一个女孩说“我们开始吧”，却遭拒绝后说出“我懂了”。

因为她懂得真心表达，也懂得黯然离开。

紫霞说：“跑都跑得那么帅，我真幸福。”

青霞说：“哈，还说不是神经病。”

紫霞说：“这不是神经病，是理想。”

天下从来都是门当户对的婚姻和不顾一切的爱情。婚姻是合乎俗常逻辑的计算，爱情都是一心为情的“神经病”。不神经了，一切都按部就班、条理分明，爱情就索然无味了，那也就不是爱情了，剩下的只是欲望和交换。

紫霞说：“爱一个人需要理由吗？不需要吗？需要吗？不需要吗？哎，我是跟你研究研究嘛，干吗那么认真呢？需要吗？”

下一次可不可以换你，褪去一身骄傲，爱我爱到疯狂。爱，本来就是一件疯狂的事。不疯狂的不是爱情，只是合适。

紫霞说：“我的如意郎君是位盖世英雄，有一天他会踩着七色的云彩来娶我，我猜中了开头，可我猜不着这结局。”

悟空说：“你不要再发疯了，我刚才跟你说的你明不明白？”

紫霞说：“你又明不明白我已经不再是神仙了，我只明白一件事：爱一个人是那么痛苦。”

悟空说：“不要跟我说这种废话，我说过了你认错人啦。”

不只神仙，人间也一样。相爱的人，未必能走到一起。太多的至尊宝都戴上了金箍成了悟空，只记得此生爱过一个人。

紫霞说：“我在你心里留下了一样东西……”

悟空说：“你看那人像条狗。”

世间的确如此，太多人活得没有了自己。太多的悟空走在了取经的路上，偶尔想起有一个叫紫霞的女子问过他：“那这串金铃是在哪里买的？”

每个人都曾走过一段深情的《大约在冬季》

《大约在冬季》这首歌，是一场深情的告别。大家都知道，齐秦与王祖贤在合演电影《芳草碧连天》时相识，随后二人开始相恋。后来，两个人为了各自的事业聚少离多，齐秦就用写歌的方式表达对王祖贤的情意。正是这首《大约在冬季》让齐秦一举成名，蜚声华语歌坛，彼时，大街小巷都在传唱这首歌。

因为简单而深情，因为深情而难忘。难忘的，必定不只是有欢爱的浪漫，更有深情的风雨相爱。

大约在冬季，这样的分别无疑是完美的，也是深情的。深情的无奈，而不是世俗的苟且。而现实中，红尘里平凡的男女大多数则是因为“门不当，户不对”而分手。所谓的“门不当，户不对”，不过就是那些：你家太穷了，配不上我们家；你家是小生意人呀，而我们是大宅人家，怎么能般配？你给不了人踏实与希望呀。

生活的真相是：谈情说爱，你们尽可以自由地去谈。因为只要相互喜欢就足够了。但若要谈婚论姻，就必须当面锣、对面鼓地来论道论道了。多少年少无知的爱情，都在此败下阵来。

劳燕分飞，然后慢慢妥协，慢慢放弃抵抗，慢慢在世俗的压力之下去接受一场被安排的也看似划算的世俗婚姻，也慢慢忘记伤痛。现实就是现实，生活就是生活，你会像更多人一样，沦落到渐渐开始计较柴米油盐，应付大大小小的鸡零狗碎。

那些勇敢到底的爱情才让我们敬佩。然后我们一边羡慕，一边暗自伤心，流下两行清泪。所以才有那么多人痴情地去追剧，明明知道那只不过是在演戏，却痴顽地一场一场信以为真，为其欢欣、紧张、担心，也不由自主地流下一场又一场眼泪。

身体是从来不会说谎的，这些眼泪也都是真的。幸福不幸福，也可以用身体来衡量，喜欢与勉强，绝对是两番天地。

无奈，人们就是这么现实，只愿意接受能看得见的、办得到的，而不轻信说出的未来，因为未来不确定。也正是因为这不确定，让世间有了那么多传奇，也有那么多遗憾。

为爱情勇敢坚持到底的，也许两人一心并肩，风雨兼程，不离不弃，终于努力过上了幸福美满的生活。二人同心，其心断金，没有什么不可能的。

而另外一种不确定，可能当时富足，风光荣耀，但保不齐日后不努力，家道日渐败落，生活变得一地狼藉，或徒有其表。

其实，一切的不确定，都可以成为确定；一切的确定，将来也未必是确定。关键在于你的心，能不能够遵从幸福的坚定。

众所周知，齐秦和王祖贤分分合合，成就了一段旷世奇恋。虽然两人最终因为种种原因没能走到一起，然而，在彼此的心里，他们还是最爱对方的那一个。

你的一生当中肯定也有这样一个深爱的人，他（她）去了远方，从此与你天涯分离，俗世相隔，但他（她）却一生都住在你的心里，到老不忘。

深情怀念，在很久很久以前，你拥有我，我拥有你。因为毕竟深情爱过，此后不会再有如此热烈之心去爱另一人。

让我们为那些勇敢坚持到底的爱情喝彩、祝福，也为那些一念深情的遗憾留一份温暖的尊重。因为，他们都用心爱过。

愿你勇敢到此生无遗憾，愿你有遗憾时依然保持爱的深情，也有一身让人肃然起敬的光辉。

年华渐老，当夕阳无限美好时，依然有人在念你的归期。如若有归期，只是看你一切都好，便好；没有归期也罢，一人独对夕阳，记得这一生那么深情地爱过一个人，也深情地被一个人爱过。如此，才让我们都有足够的勇气和力量，在这个薄凉的世界里深情地活着，终有一身耀眼的光辉。

七月是七月，安生是安生

也许，每个人的青春里都有一个七月。每个七月的青春里都有一个安生。七月，是安生的七月；安生，是七月的安生。

她们因为迷惘，相互陪伴；因为孤独，相互取暖。七月努力地做着七月，安生率性地做着安生，她们只希望是彼此的最好。

她们甚至决定彼此交换人生，看对方是否能够更幸福。虽然中间有过一个苏家明，或者苏家明从来都没有那么重要。

七月终究还是七月，安生还是那个安生。七月做到了让所有人满意，唯独自己不满意，这些只有安生知道。安生因为缺少疼爱，所以比任何人都害怕被拒绝，也更害怕失去。所以，她装作一切都无所谓，因此她更害怕面对，只好选择逃避。也只有七月明白安生虚伪的坚强和孤独的脆弱。

安生只有七月，七月也只有安生。

他们彼此拥有，也相互伤害。就像红尘之中的亲人一样，往往最亲密的人伤彼此伤得最厉害。因为距离太短，相拥太近，所以最先扎到的那个人都是最亲的人。因为这爱毫无理智，无须客气。永远计算不出输赢。

只是彼此懂得，你还是我今生遇到的那个最好的七月。我也是你唯一不用计较得失的那个安生。我们只有彼此。

一起与青春为敌，与流年对抗。胜败，都在一起。

04

再见，樊胜美

当一个女人跟你客气的时候，那说明她已经做好了充分的准备跟你摊牌了。

“对不起，我们分手吧。”

“你人很好，但我们真的不合适。”

她永远不会说出那个最根本的原因。一是不想尴尬、伤害彼此；二是保留自己的一份优雅。

电视剧《欢乐颂2》最后一集，樊胜美约王柏川最后一次见面，句句听着像分外清醒的理智名言，但却字字锥心。她强力伪装自己，表现出平和的态度和语气，实则拼命压抑着内心的五味杂陈和波涛汹涌。

自始至终，樊胜美都没有什么大错，更不能说是“坏人”，人们只是给她贴上了一个“捞女”的标签。而这“捞女”，你问她，是她愿意做的吗？应该没有一个女孩天生爱做势利的“捞女”，她们人人都想做一个可爱、乖巧、呆萌、贤惠的“公主”。美美的，有人疼，有人爱，活出骄傲的精彩，也享受幸福的甜蜜。可是生活不是童话。樊胜美最终长成的样子，有她原生家庭根深蒂固、摆脱不掉的笼罩，也有她自身性格的枷锁。她也不愿意长成这个样子，她有时候也挺讨厌自己的。然而生活就是生活，现实就是现实。现实的她有这样现实的要求，应该也不算什么错。年轻貌美，有工作，有学历，也算能干，找一个财力殷厚，能给她保障、安稳生活的人，也不能算过分的要求。只是她在看遍世俗脸孔和有所经历之后清醒地发现，找这样的人并不难，但那些人也许只当她是一个漂亮年轻的玩物。至于堂堂正正做老婆，绝对是“门不当，户不对”，性价比不高，不划算的。所以，当樊胜美很聪明地认识到这一点后，上帝给他送来了一个王柏川。

王柏川，年轻，帅气，工作努力，家境小康，最关键的是对樊胜美死心塌地。樊胜美，在权衡利弊损益之后，终于决定把这个王柏川作为她一生依靠的对象。尽管她从本心里，可能没有那么纯粹地爱他。但这对于樊胜美来说，已是最大的“划算”了。

感情这东西总是很奇怪，没有固定的模式。有些感情一开始炽如烈火，让人奋不顾身，全情投入，然而激情过后又慢慢降温冷却，最后有始无终，一地灰烬；有些感情虽不艳若烟花，但倒可以慢慢微火久炖，到最后能守一锅入味的老汤。樊胜美是决定选择第二种的，况且王柏川真的是对她死心塌地，忠心不二。所以，樊胜美利用能利用的一切人际关系，甚至不惜利用自己的美色，不道德地为王柏川拉客户，介绍项目。樊胜美想的是，王柏川的不就是自己的吗，自己的也是王柏川的，她已完全把他俩当作是“一家人”了，也坚定地愿意跟他一起拼命努力，希望能有一个美好而温暖的未来。

所以，有土豪示好，她巧妙周旋，王柏川后来破产，她也没有想过离开他。从这个角度说，樊胜美没有错。那么，她到底错在哪里了呢?

她错在过度自信地认为：自己拿住了王柏川，便拿住了他的一切，包括他的家庭。她在这方面还是有些天真了。

喜欢上一个人，爱上一个人，选择一个人，都是容易的。但被一个家庭接受，继而掌控一个家庭，绝对是一件万般不易的事。不光樊胜美是这样，天下所有的人都是如此。

这就是她的过于天真、自信之处，以为一个人如果死心塌地地爱她，那个人就会心甘情愿、不惜代价地为自己做任何事，在这方面，王柏川的确也是做得够百分百的。但你不能苛求他的家庭也像他一样无畏无惧、无所顾忌。王柏川是家里唯一的儿子，是他父母一生全部的希望，他们的想法现实也好，功利也罢，也是没什么错的。但到最后，还是为儿子做了妥协：只要是他喜欢的，何苦又去逼迫他放弃、退让呢？都是亲生的，自己身上掉下来的肉，里外都是疼。作为父母，他们最后的一个预防、止损的要求：房子只能写儿子一个人的名字。这彻底给了毫不怀疑、满心自信的樊胜美一记闷棍。

她终于由一个胜利者转身变成一个失败者，并有所清醒，但更痛苦，还让人无奈苦笑，觉着滑稽。这不仅是樊胜美一个人的自嘲，也是对这个现实社会的有力嘲讽。功利主义和短视主义的盛行，太多人的爱情都败在房子和功利之上。

王柏川，也是一个苦命人，死心塌地地爱一个人，对一个人，愿意为她做一切事，最终却没能将自己的感情修成正果。以他的条件，他不是没有别的选择，世界上也不是只有一个樊胜美，但他却只爱这一个樊胜美。他算是一个靠谱的痴情种，当然也有人嘲笑他是一个傻瓜，干吗非在一棵树上吊死，何必单恋一枝花。在这方面，他一点也不男人，拿得起，放不下。

但他和樊胜美一样，不能保证他的家庭也能像他一样“一意孤行”。毕竟，他不能完全只属于樊胜美一个人。

樊胜美说没有替王柏川想过，这完全是客套，因为无奈的结果似乎已无法更改。再说什么“你情我愿”“你好我好”，岂不是更显得悲凉。

“我凭什么要求你那么多”的潜台词是：我根本没有那么纯粹地爱你，就算是我已打算纯粹地爱你了，而你最终却没有把我视作唯一，你爱我爱得还是不够任性，不够决绝，不够不顾一切。

爱情的最高境界不就是不顾一切吗？然而，你终没能做到。是我的过分，也有你的辜负。

爱情，其实就是两个人的相互“绑架”，相互依赖，也相互伤害。有疼的感觉，也有吵吵闹闹、打打杀杀，但最后还是能绑在一起、不分开，这好像才是现实环境下的正果。而“转身就走”、头也不回地，那不是爱情，只是昙花一现。

爱情不是“我在你面前很风光”“你在我面前风情万种”，而是我最狼狈的一面都暴露在你面前，你依然不离开、不厌弃、不逃避，不退缩，反而更坚定、温暖地拥着破碎的我，让我不孤独、不害怕，有温暖，有眼泪，有幸福。

字字锥心的字眼，让那个痴心的人心里滴着血，明白了：你到底没有那么深爱我，我也没有为你做到无所不能。

这不只是他们两个人的悲剧，也是现实的可怜和这个时代的叹息。

樊胜美的言外之意是：我是有些过分，但那也不是我的本意，你难过，我也会心疼，我只是孤独、脆弱、害怕到无能为力。

最现实的关系往往也是最病态的关系。太多人在这现实的病态里被折磨得心力交瘁，满身伤痕。幸运者，只是抱着残存的温度，甘苦自知。

到最后，还是只有一句相互客气的“感谢”。感谢，至少生命中让我遇见你，人生每一场遇见，都不是为了说再见。我们爱过，这是上帝发给我们的糖，糖吃完了，我们不能再苛求上帝给我们一间放满永久都吃不完的糖果的屋子。

那个屋子，唯有靠我们自己努力去寻找，努力去打拼，努力去建设。

愿你出走伤城，若干年月，归来依然是少年，那才是我们最好的相爱，一切都不再计较。贫贱富贵，都能白首不离，方是善莫大焉。

05

《我的前半生》，你看懂了什么

《我的前半生》这部电视剧火了好一阵子，大家都追着看，确切地说是太多女人追着看，更确切地说是婚姻或事业失败的女人追着看。而婚姻幸福、事业成功的女人瞅一眼这个剧，只会扬起嘴角苦笑一下而已。

这部剧关键的要点在于：它将一个一如既往老套的剧情无限放大：家庭主妇太能作，其实现实中真的没有这么夸张；第三者太强大，强大的还不是年轻貌美，而是温柔懂事与心机；朋友又都太牛。而现实生活中，这么牛的朋友基本跟你都不在一个频道上。

之所以一部老套的剧情被演绎得如此荡气回肠、蛊惑人心，说穿了还是迎合。迎合，即你没得到什么，我便给你一个成功逆袭的“榜样”；你没实现什么，我便给你一个“翻身农奴把歌唱”的幻象。

人人都喜欢听好话，哪怕是骗人的。就像小孩子喜欢糖果，你说是甜的，他就会毫不怀疑地放到嘴里一样。

《我的前半生》是一场盛大的自我安慰、自我疗伤、自己欺骗的一剂哄人的药。而现实生活中，清醒的逻辑是：你要想获得新生，手里就必须有足够的筹码，才能有胆量和机会把一手烂牌打出去。首先必须说的是“独立”，好多女人被这个词蛊惑了：我们要精神独立，我们要感情独立，我们要婚姻独立……疯狂般地渴望！

我请你坐下来，拍拍你因过度亢奋发热的脑门，问一问自己，你想要的独立靠什么来支撑？你可以胡思乱想，但你不能痴人说梦，更不能一叶障目。

首先，你的物质资本够不够你有独立的勇气。剧里有，那是编剧让她有的，不然这戏没法往下演，你不是子君，你也更不是导演，你说了不算。没有足够物质的独立，你要想实现其他方面的各种自由、独立，简直就是一个笑话。因为现实从来不会因为你的任性而让步，你只能通过自己玩命地搏击才能开疆拓土，争得一寸之地。

其次，你真的有那么一个不管从什么方面都完全、百分百支持你的朋友吗？你肯定想有。如果你真的有，那么说明你的运气的确不错，恭喜你中奖了！而现实的真相是，这样的闺蜜、死党，有是有，只是没有唐晶那么牛。就算生活中有那么牛的，她基本也和你不在一个频道上。物以类聚，人以群分，你的资本和能力决定了你的朋友圈。短视主义和功利主义盛行的今天，天真的孩子都被骂作傻瓜蛋儿。

再次，不是人人都会那么好命，社会总给她赢的机会。现实中的步步为营，那才是你人生无限可能精彩的大戏。能挺到最后，并且好命的，才是最后的赢者。而因那一路致使满身的疤痕，才是她无比荣耀的勋章与光芒。

06

白蛇千年修行，只不过为要一个姻缘的正果

白蛇用千年的修行换来一场爱情，确切地说，不是爱情，而是她渴望得到的一场人间的姻缘。作为妖，她是法力无边的，是自由潇洒的，也没有人间诸多的烦恼。但妖做久了，对自由也显出反感，因为长久的自由终有一天会慢慢冻结成孤独。孤独这种事是不分人和妖的，人和妖都是怕的。

所以，白蛇那么无畏无惧、破釜沉舟，为她想要的一场人间的姻缘遇鬼杀鬼，遇佛杀佛，遇妖也杀妖，甚至到最后连自己也“杀”了。

白蛇求的这一份姻缘，借了一个“报恩”的借口，选择了一个呆书生。他不像一个男人，相反倒像一个女人，而白蛇自己倒担当了男人一切该担当的事。世间女子的择偶标准，断然不是这样的，没人会喜欢这样一个只有愚昧的善良和无男子气概的人，也没有人糊涂到心甘情愿去嫁这样一个男人的地步。何况，到最终，许仙还是屈服了世道伦常，去做了一个和尚，背叛了白蛇的所衷。这“背叛”是高高在上的世道伦常的胜利宣扬，更是一种讽刺嘲笑。不管白蛇你做怎样的努力，放弃妖的本领也好，水漫金山也好，终究要败给世间的规则。你已不守妖道，何况你又要来人间分一个你想要的位置，这绝不允许。

雷峰塔压住的，不只是一具白蛇的身首，而是一切非分的愿

望。所以，这“伟大”的传说，核心真的不是爱情，而是婚姻。或者更冷峻一点说，是讲的因果。

这个传说，唯一让人敬佩的是那个不懂规矩，也不懂爱情的青蛇。她修行太浅，处处模仿白蛇，又处处模仿得蹩脚滑稽，但处处又显出天真无邪的宝贵。

因为道行浅，才不知天高地厚，才没那么多纠结的顾虑；因为不太懂，所以才能那么决绝的勇敢。管你什么佛法无边，管你什么金刚罗刹，我只争取我想要的，我只想走我的路，哪怕我碰得头破血流，我都认了。但我还是做那个不服输的我，我可以失败，但从不妥协。这种勇敢，似乎才是真正该拥有爱情的态度。

早春的桃花已开得万般绚烂，没谁能阻它挡绚烂无畏地绽放，像极了爱情，或者说，爱情像极了这盛放的花。

青葱岁月，豆蔻年华的如金光阴，没有谁是不曾盛放过的，又是那么深刻地甚至疯狂地喜欢过或在内心里喜欢过一个人，就算再沉默内向不语的人，这辈子也总有那么一次终生不忘的喜欢。

那喜欢，是令人瞩目，叫人在意，也惹人怜惜。如果这喜欢分外顺利，或者异常艰难，但若终成了正果，也是你这辈子终究嫁给了爱情，或者娶到了本心的喜欢。这是上天对你们的垂青，也是你们自己修来的福分。

但烟火尘世之中，也有太多的人此生不过是嫁给了实用主义的门当户对，娶了世俗的甘愿服从。多少人看着别人，说自己“就是个搭伙过日子”，爱情终成了虚不可执的缥缈浮云。不过，若这般吵吵闹闹能过一辈子，也是你们的正果。只是这正果，坚持得太久，来得太晚。或者，很累。

你若计较，当然烦恼；但你若宽容，便无纠结。

07

《无问西东》，哪些东西扎了你的心

电影《无问西东》始播之后，有很多人去观看，静静地坐在影院里，泪湿了脸庞。这泪竟然也是安静的，因为表面的安静，内心才波涛汹涌，生命往来，情魂澎湃……

每个人都有过无敌美丽的青春，每个人也都有过无畏执着的纯真。那些青春曾让你有着无畏的骄傲，耀眼璀璨，万金不可买；那些纯真也曾让你干净的幸福，是强大世俗里唯一闪光的金子。

人间幸事，莫过于在最好的年华做最好的自己，抑或是遇到最好的你。我们彼此认真，希望爱到自由。盛放只为深情，勇敢不负初心。

世间从未有过圆满，大多数人活得越来越像别人，只为苟且的安全。我们没有使不完的勇气，碰一千万次头破血流后，然后还能骄傲地狂放大笑。

大多数人不过是把自己置身于某种苟安的忙碌之中，得到一种麻木的踏实，看着是世俗的真实，但丧失了真实自由的自己。因为我们看到的和听到的，经常会令我们沮丧。世俗这样强大，强大到生不出改变它们的念头。

所谓随波逐流，世人皆如此。你一个人天真地较劲，往往会成为别人的笑话。你的勇气、执着，有时候不是你不会生锈的铠甲，反而成为拖累你走到别人前面的束缚。

人人都喜欢得势、得利，所以才有了恶狠的争夺，这争夺之下，生出诸多的面孔。拙蛮者粗鄙可憎，上蹿下跳；狡诈者心藏算计，笑面冷刀；磊落者失让于人，抱守残真。

所以，人间最大的遗憾，不是你不小心的错过，而是你终于失掉原本的勇气，你得到功用的饱足，改变了你原本的颜色。这也是你为什么越来越不那么用心地去爱人，也不会被别人用心爱的原因。当你终有一天变得不可爱，你便也得不到纯粹的爱。

一生太短，一瞬好长，我们哭着醒来，又哭着遗忘。年轻和苍老，有时候都是一瞬间的事，你年轻到时光很容易就失掉，你亦苍老到转眼便不认识自己。

现代人常常挂在嘴边的一句安慰话是："平平淡淡才是真。"其实，这句话里多半包含了太多无奈的妥协，因为有些事，已强大到你无力改变。

所谓平淡，不是你一生碌碌无为，依然安慰自己平凡是真。而是你于生命中曾经历过轰轰烈烈与刻骨铭心后，才感悟到平淡的可贵。然后，在平淡之中坚持做最真实的自己。不陷于浮争，不役于躁碌，听从你心，爱你所爱；行你所行，无问西东。

即所谓，能够认真而自由地活着，做最勇敢、坦荡而无畏的自己。并且时刻警醒自己：世道从来都艰难，做一个真实的人要比做一个经世济用的人，付出的代价更多。

做什么会让你真正的开心，你要问清楚你自己。不敢说此生无憾，只是敢于认真地活好自己。比如理想事业，你信它，你爱它，愿你为它一直前行，在你遇到坎坷、挫折，遭受打击之时，能时时在意、坚定它的珍贵；比如爱情婚姻，你不只是找一个人陪伴以至于回家的时候不孤独，而是你们彼此能懂对方的世界，让他（她）的生命因为有了你从此更精彩。愿你们都是因为喜欢对方才生下孩子，愿你们不只是为孩子，而是有心甘情愿为人父母的快乐。就算这一切，终不如你所愿般完美，但你仍然会奋不顾身。

生命最耀眼的风采，是奋不顾身；世间最好的爱，是义无反顾。这世界上，最打动人的是——我提前知道要面对的人生，但我依然会勇敢前来。

因为“我在意”，因为“我爱你”，所以我从不怀疑。

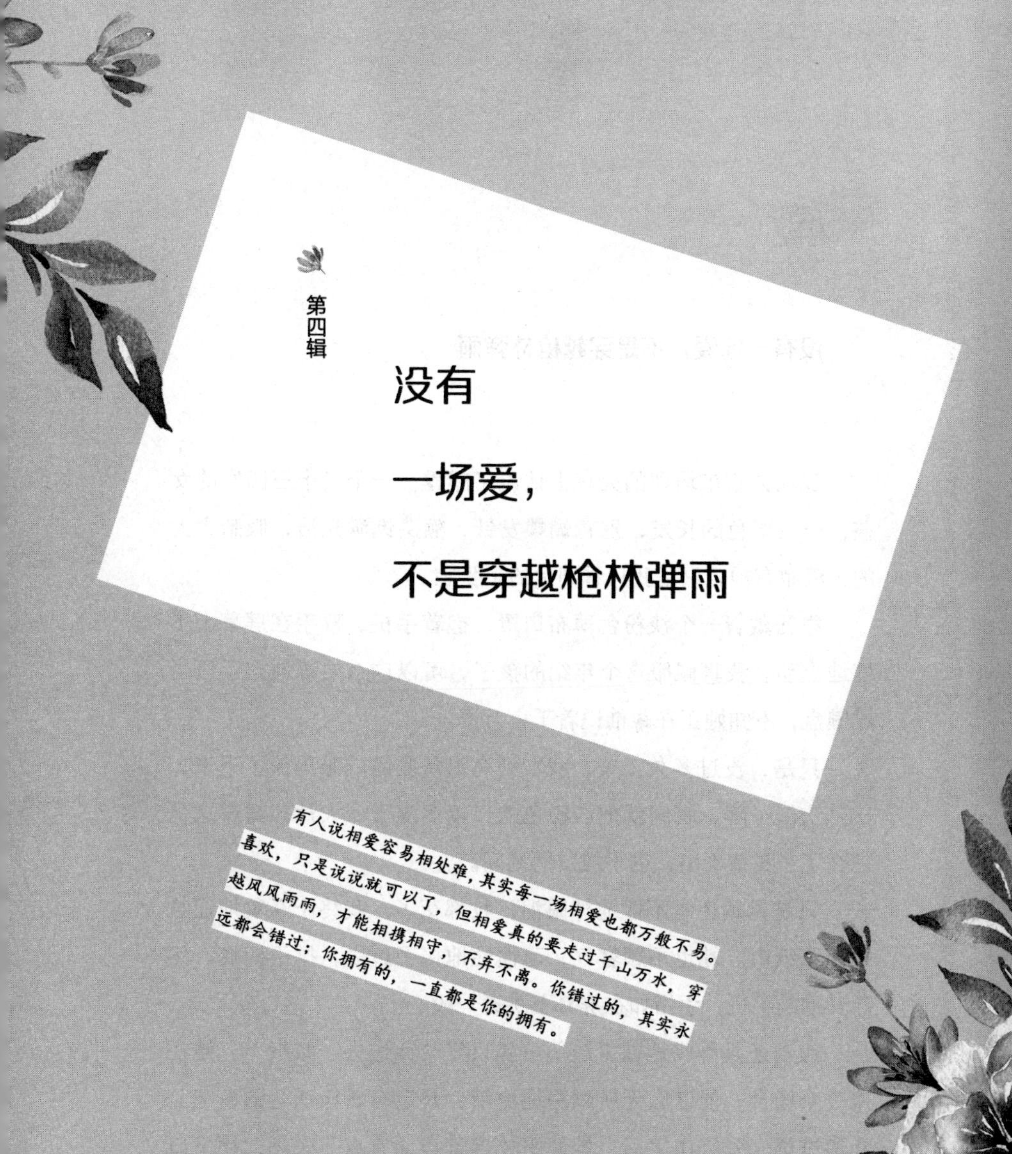

第四辑

没有一场爱，不是穿越枪林弹雨

有人说相爱容易相处难，其实每一场相爱也都万般不易。喜欢，只是说说就可以了，但相爱真的要走过千山万水，穿越风风雨雨，才能相携相守，不弃不离。你错过的，其实永远都会错过；你拥有的，一直都是你的拥有。

没有一场爱，不是穿越枪林弹雨

我在去石市培训的火车上认识了露露。一个二十三四岁的女孩，一头栗色的长发，别着蝴蝶发针，额头饱满光洁，眼睛大大的，澄澈有神。只是我只看到她的半张脸。

露露戴着一个淡粉色薄布口罩，抱着手机，双手在屏幕上不停地点动。我真佩服这个年纪的孩子，可以这么熟练地把手机当成键盘，不知她正在跟谁说着千言万语。

只是，没过多久工夫，我看到有泪从露露的眼里流了下来，一阵快似一阵，瞬间就把淡粉色的口罩洇湿了一大片。露露这是怎么了？我猜不出，也不敢贸然询问。

只是见她还是不停地掉眼泪，妆都花了。我终于礼貌地递给她一张纸巾。她也不顾客气，习惯性地接了过去，拭干泪痕。然后又抱起手机，手指如在屏幕上跳舞一般。

眼泪还是哗哗地往下流……我只好又递过去一张纸巾。她在这公众场合，能这么无所顾忌地流泪，必定有着极伤心的事吧。我递过第二张纸巾之后，她似乎才察觉自己有点儿失态，摘下口罩，然后冲我礼貌地笑了笑，以表客气。我看见她一口闪闪发光的牙套。真的还是个孩子。

露露是一个漂亮女生。高鼻梁，尖下巴，关键是有一脸单纯的青春。只是这么好的女孩到底受了什么委屈？我不想她继续哭，于是找了些无聊的话题聊了起来。得知她在石市一个三本学院读书，大四，基本已不去上课了，刚刚交了毕业论文。

我问："是毕业论文不顺利吗？"她摇头。

我想问点儿别的，但没敢再追问。一个女孩子，我这样问人家，实在有点儿不礼貌。于是，只好继续闲扯。

我问："毕了业有什么打算呀？"

她说："能有什么打算，走一步，看一步。"

一个小孩子有这样的心态，难免不让人心疼。她还没有领略这世界太多的繁华精彩，倒先有了这些悲凉无奈，实在让人不禁唏嘘世态炎凉。

我问她学什么专业，她说学的数学。我有些吃惊，怎么看她都不像一个学数学的孩子。或许当初的选择像很多孩子一样，明明文科很好，但又不得不去学理科，因为理科有更多的学校可以上，有更多的选择。

我觉得学数学这主意，应该不是她自己拿的。应该是她的父母为她决定的，因为父母总是习惯于更实际、更安全的逻辑，而忽视了孩子真正的内心。

露露后来说，其实她想当一个老师，一个小学或者幼儿园的老师都行。

我惊讶，但还是半开玩笑地跟露露说："你的理想真伟大。现在很少有人愿意当老师了，因为太难干了。"

露露说："当老师挺好的呀。"

然后，我意识到我以一个俗人的现实逻辑亵渎了一个孩子宝贵的天真。所以，连忙鼓励人家说：“那些孩子遇到你这么有爱心的老师，真是他们的幸运、幸福。”此刻，露露脸上有了笑。我很欣慰她笑了，因为笑总比流眼泪要好。

我说：“我们市教育搞得很好，办了好多学校，你可以来我们这里当老师，不当小学老师，可以教高中。”

露露作出害怕状说：“你们那里好厉害，高考天下无敌了，但你们那里的学校都要一本线毕业的学生，我这三本学校肯定是不行的。”

我这才后悔自己的唐突，急忙补充：“小学也有很多，反正就是学校多。如果你在你家乡考试不过，可以来我们这里试试，反正离你老家又不太远。况且现在交通也很方便。你来这里应聘，我能帮的，一定帮你。”

露露像个孩子般高兴地说：“那先谢谢咯！”

然后，我们互留了微信。这一路又扯了些闲话，闲话扯完了，就各自玩各自的手机。我很快就到站了，露露要在下一站下车。临下车，我拿了行李冲着露露笑着说：“欢迎你来我们这里当老师。”

露露说：“谢谢！”孩子般的真诚。

这是我与露露的相遇。而知道露露的故事，是在她微信朋友圈中发现的一些蛛丝马迹。原来，露露失恋了。

礼貌地评论安慰，自然慢慢有了话题。有一天，她跟我讲了她的爱情。露露在大二被一个男生表白，然后跟所有的校园情侣一样，牵手青春，月下花前，幸福浪漫。他们说过一些美好的理想，也展望过幸福的未来。

只是大四那年，男孩家惨遭不幸，负债累累。两人原本一切顺理成章的打算，都成了望尘莫及的幻想。最大的矛盾是露露不离不弃，但父母怎么也不肯把女儿交给一个风雨飘摇的家，他们太担心了。

火车上遇到露露那天，其实就是他们在闹分手。

露露说，那天男友说的话是：“愿你找到那个对你更好的人，愿他能一直对你好。”正因为这句话让她泪如泉涌。后来，我们偶尔聊天，偶尔忘却。没有太多的话题。

露露终于当上了老师，在她家乡小城的一所小学，还当了班主任，照了职业照，正儿八经，像个大人了。再过了两年。露露结婚了。露露晒结婚证，晒婚纱照，好幸福。我也留言祝福。

露露调皮地问我：“不想知道我找了一个什么样的老公吗？”

我说：“这好像不重要，重要的是你选择的，你幸福就足够了。”

露露说：“就是大学的男友。”我一时间瞠目结舌。过了一会儿露露告诉我说，她大学的男友也去她的小城了，考了那座小城的公务员。所以，她父母答应了。我一时间醒悟，他们这是真正的爱情，他们胜利了。

这世界，世俗的逻辑有时候强大到无情，强大到不讲道理。有人说：“干得好，不如嫁得好。”的确，现实总是充满诱惑，也让人望而却步。但唯有我是真的爱你这件事，刻骨铭心，不可动摇，与什么功名利禄、庸庸苟且都毫不相干。

深爱过的人，谁不曾为爱受过苦。没有哪一份真爱不是穿越枪林弹雨，才最终修得圆满。愿勇敢的他们一生幸福。

后来的我们，现在幸福吗

我们一起走过那么多的时光，因此在这个世界上，你跟别人有了不一样。

流年似水，我亦在这烟火岁月中守着平凡的温暖，听着年华苍老的声音。时间的味道，总是在我不经意想起你的时候慢慢袭来，泛起旧年的颜色。你如孩子般的笑还是那么清晰。

雨滴穿过青春，云彩一生的旅行总是恋着那片天空，而我人生的下一站，却总是离你越来越远。生活的罗盘，总是指向我不那么确定的方向，我却将你的爱一直带在路上，到世界任何一个地方，都能想起你。

周敏现在是市区一所小学的校长，最年轻的美女校长，36岁。她干练多才，雷厉风行，有胆有识，把一个起初不足三百人的边缘学校，做到了现在规模达一千九百多人。学校最近还建了新的教学楼，新的操场，新的各种功能室，一跃成为区里的标杆学校。周敏也频频见诸报端，在新闻里露脸，风光无限。

然而这个周敏，已不是我上学时认识的那个周敏了。上学的时候，周敏是学校舞蹈队的队长，也是人人仰慕的校花。比赛拿奖，学习又好，集光芒于一身。

周敏当然也是幸福万分的，跟她恋爱的是学生会主席。郎才女貌，十分般配。没人怀疑他们的未来，也没有人怀疑他们的爱情。然而毕业两年之后，传来了他们分手的消息。

那时师范学校毕业，除了一两名幸运儿会被保送到省里的师范大学外，其他人都是要回原籍的。被保送的标准当然是要学习好，并且还要有一门专长。周敏本来是符合这些条件的，人人也都这么认为的。但最后，周敏没有去成。

因为一场突发事件。该事件的主角不是周敏，只是城门失火，殃及池鱼。周敏宿舍里一个最要好的姐妹跟班里的一个男生恋爱，临毕业，两个人有些放肆，夜里跳围墙出去上网，结果摔得很重，那女生盆骨碎了。

女生的家长找到学校，要学校负责，赔偿一切损失。学校经调查，追究学生处的责任，学生处调查后，就找到了周敏的头上，因为周敏是宿舍长，那女生私自夜里外出，她没有及时向保卫处报告。就这样，周敏的保送名额泡汤了，指标被另外一个学生占去了。

周敏怎么也不甘心再回到那个穷乡僻壤的小县城，因为她有可能被分配到一个闭塞落后的小村子里教书。她铁了心不想过那种生活，所以没有服从分配，而是去了市区的一所私立学校。

而周敏的男友也做出了决定，愿意跟周敏一起扛风雨。两人坚定地认为，没有国家分配的“铁饭碗”，照样也能活出一番精彩。然而信誓旦旦的向往与誓言，总是经不住风吹雨打的。两年后，男友扛不住了，因为私立学校人员流动大，工作紧张又劳累，也多挣不了多少钱。男友终于还是回去了，而周敏坚决不回。她想要的，必须要努力做到，哪怕是要放弃爱情。

周敏的计划，其实不是在这所私立学校久留，只不过是权且为生活。结果，没过三年，周敏就通过社考，去了省城的大学。大学四年结束又顺利考研，研究生结束后，她考了市里教育部门的公务员。也许人们以为，这就是周敏想要的生活了，她做到了。

但周敏不甘心在机关里过朝九晚五的温暾生活，她坐不住。她主动要求去一线学校，做了一名副校长。副校长做得有声有色，这不还没到三年，周敏就成了校长，一把手了。

周敏在教育局时结了婚，丈夫是一名外科医生，温文尔雅，有学识、有涵养，现在已做到了主任医师。她还有一个5岁的女儿，漂亮可爱，是幼儿园里最聪明也是最活泼的宝宝。

而当初学校的那段青春，只不过是一段青春罢了，它没有影响周敏一心坚定走向更大的世界。

同学聚会，虽然也有人为他们曾经的爱情惋惜，但周敏现在活得骄傲的样子，足以让人忽略不计。

那个曾经的男友在小城的一个闲散部门谋了一个闲散的职位，并没有太大作为，但这是他曾经想要的。

小草静悄悄地发芽，花儿幸福地开放，小鸟尽情地歌唱。每个人都在心里生长着一个梦想。真正懂追求的人，任岁月变老，梦想却一直都那么年轻。

不少人会追悔当初的错过，而只有那个倔强到底、不服输的人，才终能得到自己想要的幸福。

流年余生，念与不念，各自为安

那年的我还是孩子，你也是个孩子。我不懂爱情，你应该也不懂。而我们懂的，也许只是喜欢。喜欢，只要是从心里喜欢就可以了，如此简单。爱却要承载那么多的重量。

时光会因为一份喜欢而变得柔软，季节的味道常常酸酸甜甜，再平常的天空也会挂满彩虹。只是因为多了那么一份爱意。

我计算得出考试的分数，但计算不出明天的命运，包括对你的爱情。因为，爱不是让人变得更聪明，而是让人变得更傻。因此，有太多的人会执迷不悟。

不过，现在想来，那也没什么不好。时光带走凉意，岁月拥着温暖，有你盛开在我的时光里，一路飘香，已成人生再难重复的绝美。那是不能复印的青春，你微笑，天空便那么蓝；你忧伤，云彩也跟着你落泪；那个小小的雨天，也许你不能记得，是谁在你必经的小街的拐角，目送了你一路又一路。然后，走入茫茫烟火。

你在梦想里茁壮青春，在世俗里老了梦心，不羁的疏狂染透的只是飞逝的年华，逼迫的奔忙换来平庸的温暖。叫自己别再那么轻易哭，也别再那么轻易笑。

听罗大佑的歌曲《爱的箴言》，会悄然地听到落泪，因为真心与时光都付给了你。如今我们隔着的不只是两座城市的距离，而是世俗城墙，烟火红尘。只一句简单的“还好吗”，都无可送达。

我只好不停奔走，像路人甲，也像路人乙，看着街上匆匆忙忙的为了生存挣扎、为了名利追逐的人，当然也还有努力保鲜的爱情。这个世界不那么完美，你我也都不完美，只是我们在这不完美里相互喜欢，也相互依赖，才不那么孤独。

生命是一场幸福的偶然，生活是一场哭哭笑笑的大戏。不管命运铺下多少折磨，人生都要活得不言后悔才有理由说精彩。你风雨兼程，愿有一人为你一路花开，带给你最平常的欢喜。然后，在每一天清晨的阳光里，不停翻开新的一页。尽管生活的忙碌还是循着昨天的轨迹，我们只是学会了一份安然接受、坦然面对，怀着一颗平静之心，煮着世俗平常的日子，也卤着平凡的自己。

人生从来没那么多的风光与精彩，你只是不断积攒着人生不断醇厚的味道，这味道才是伴你一生不离的依赖。我们阻挡不了风雨挫折，也摆脱不了命运的考验，有江湖便有名利的凶险，有烟火便有纷乱的芜杂。

我们只能倔强地怀抱着可以温暖自己的那份温度，面对时光苍老，面对世事无常。有生之年只愿记得你的好，然后笑对这平凡人生，琐碎生活，流年余生，念与不念，各自为安。

莫失莫忘，你离开

这人间的四月天，花开遍，草青扬，池水绿，柳丝长。伊又为谁换了红妆。窗子里，格子间，忙左忙右，我还是这么平凡的一个我。看窗外，云间划过飞鸟的踪影，它是去，还是归？只有它知道。

手头的工作忙完了，我系好衣襟，投入这城市不息的人潮江河，停在街边的小店买一份甜品，或者回到蜗居红尘的那个小家，煮一锅入味的老汤。每一件日常的小事，都这么琐碎平凡，也这么平常温暖。

午后的阳光格外慵懒，我习惯地翻翻那本一生读不厌的书，看看朋友圈你写过的那些零零碎碎的文字，嬉笑欢谑，寂寞忧伤，都是你心事的痕迹。最后，我偎着手机里循环的那首老歌，缓缓倦意，睡梦袭来。愿在梦中与你再度相遇。

这就是我平凡的生活，如此而已，仅此而已。

而你在何方，身在哪里，是否也和我过着一样的日子。但愿是，因为我想你跟我一样；我又不愿意你跟我一样，因为怕你孤单无趣。

分别是不甘愿的，只是分别了这么久，我也渐渐习惯。习惯了不必每一刻都在你身旁；习惯了不再一想到你，就希望你出现在我面前；习惯了一个人上街，总不时地想牵过你的手；习惯了，我就可以这么孤单地想你，而不再落下泪来。

人家说：“爱那么短，遗忘那么长。等待是一生最初的苍老。”人家也说：“世间的事，包括情与爱，没有什么过不去，只有回不去。”人家说得很有道理呀，只是这道理有些残忍。我不甘愿。

今天，我在旧楼的墙角发现一株“奶汁草”，它还在努力地开放。噢，说奶汁草，你大概忘了吧，抑或能够像我一样仍然记得奶汁草就是蒲公英。

那时候，我们都是穷光蛋，你比我更穷。你说，看这小太阳花开得多么阳光，你兴冲冲采了一大把，举到我面前说：“我们就应该像这花儿一样，努力阳光、努力生长。”结果，你被弄了满手的花汁，我也被弄了满手的花汁，那是蒲公英花茎里流出来的白色汁液，黏黏的，把我们两个人的手都粘在了一起，分不开。我抱怨说：“看你弄的这一手，都黏得分不开了。”你说：“分不开更好！”一脸孩子般调皮的表情。我说：“其实这花还有一个名字，叫奶汁草。”于是给你讲了那个奶汁草的故事。

传说很久很久以前，蒲家村有一个蒲员外，膝下有两个女儿，老大叫蒲俊英，老二叫蒲公英，两个姑娘都长得十分漂亮。蒲家村还有一个李员外，李员外有一个儿子叫李青竹。李青竹与蒲家两姐妹从小一起长大，青梅竹马。

大女儿蒲俊英性格高傲，不理凡人，难与人相处；二女儿蒲公英却心地善良、平易近人。所以，李青竹更愿意与蒲公英相处，当然他俩也更亲密。

可是，命运无常，九岁那年，蒲公英得了天花，不小心落了一脸的麻子，一下子变成了一个丑女。蒲公英伤心至极，天天避不见人，以泪洗面。姐姐蒲俊英也因为添了一个丑妹妹而厌恶她，总是不理她，不带她玩，甚至还挖苦她。但心地善良的李青竹并没有因为蒲公英长了一脸麻子变丑而讨厌她、疏远她，相反倒热心地安慰她、鼓励她，给她糊风筝，捉蛐蛐儿，哄她开心。

一晃几年，他们都慢慢长大了。蒲员外决定把大女儿蒲俊英嫁给李青竹，李员外当然高兴，可李青竹却不同意，因为他喜欢的是蒲公英。但李员外怎么能同意儿子娶一个丑姑娘作儿媳妇呢。不过，那时候讲的是父母之命、媒妁之言，李青竹没有办法，所以逃走了。临走时，他偷偷找到蒲公英说，他要去外面打拼一番事业，到时候再回来接她一起走。

可是几年过去了，李青竹在外面不但没有建功立业，反而得了一种怪病，浑身上下长满了黄斑，只能被迫回到家乡，求医无数，却毫不奏效。眼看李青竹一天天病入膏肓，全家跟着唉声叹气。蒲公英得知这一结果，也是心急如焚，整天以泪洗面。一天，一个过路的僧人说，李青竹这种情况如不及时治疗就会浑身腐烂而死，要想治好这种病必须去遥远的天山，采那冰峰上的雪莲才行。

只是去天山，不但路途遥远，而且要经历无数的艰难险阻，能不能采回雪莲还两说。蒲公英听说后，不顾父母的百般阻拦，毅然决然地踏上了艰难的征程。为了救回李青竹的生命，她不惜牺牲自己的一切。

蒲公英不知吃了多少苦，遭了多少罪，终于来到天山脚下，可是守候雪莲的女巫却说什么也不让她把雪莲拿走。蒲公英跪在雪地里向女巫求情，并说了她和李青竹之间的故事。女巫终于被感动了，答应送她一枚雪莲，但又告诉她：“要拿走雪莲，你必须答应我一个条件，你要变成一种药材，从此浪迹天涯，普救世人。”

蒲公英毫不犹豫地答应了女巫的条件。女巫便把雪莲和化成一株药草的蒲公英一起带回了蒲家村。李青竹得救了。

李青竹痊愈后，去蒲家提亲，说什么也要娶蒲公英为妻。蒲家父母以泪洗面，说蒲公英已失踪数月，不见踪影。李青竹心痛如裂，栽倒在地，醒来后口里不停地念叨着要去找蒲公英，哪怕走遍天下，哪怕老死路旁，也要把他的蒲公英找到。

从此以后，天下多了一个为爱流浪的痴情人；而蒲公英也把她的种子随风飘散，花儿开遍了大江南北。虽不能与她的青竹面对面相见，但她要开遍青竹每一个寻她的角落，伴他风餐露宿。伴他雪发霜鬓。

几世几休，青竹早已老去无踪，而蒲公英依然花开不绝，因为用手揪一下，一股乳白色汁液即在手中化开而来，所以人们也称它为奶汁草，成为百姓祛火消炎的良药，也成了遍野随处可见的美丽而自强的野花。

我爱你，不在于你的美丑；我爱你，甘愿为你付出我的所有。也许，这才是爱情最美、最伟大、最至高的境界。可以超越生死，穿越轮回，依然是你。也许世间如此感天动地的爱情是稀有的，但世间如此的爱情也从未绝踪。

那天，我把这个故事讲得潸然泪下，你傻傻地听得像个孩子，说：“咱不羡慕那奶汁草，咱也不会做那蒲公英，只愿我们都像现在这样，不分离，便最好。”

我紧紧地偎进了你的怀抱。

可是，你却没有守信你的诺言，你作了一个离开者，你让我不能再给你讲这个故事。我常常这样傻傻地想，你一定是在世界的某个角落，和我一样平凡地忙着什么，而不是和我隔着阴阳。

因为我痛恨自己没有拿到救你生还的“雪莲”，我也没有幸运地遇到那个可以让我穿越轮回的女巫，我甚至不能变成一株蒲公英，开遍你曾走过的每一个角落。

我只能这样平凡地活着，假装你依然存在，依然存在……

或者让我在这早春里，化作你必经路旁的一株小花，为你开放，为你芳香，来迎接你轻踏而来的脚步，送你哪怕无意回眸的目光……

你嫁给了彩礼，还是嫁给了幸福

这天，同事小李说，她的一个农村表妹以“零彩礼”的方式，把自己给嫁了。三里五乡，亲朋好友一下子炸了锅。

有人说这闺女傻，有人说这闺女疯，但这个表妹还是自我风光地把自己嫁了，一分彩礼都不要。

压力最大的要数这个表妹的父母了，好几天躲在家里不敢出门。你说这闺女也是，你不要彩礼就不要彩礼吧，还到处去说：“我就是一分钱彩礼不要地嫁人，我嫁的是他那个人，是嫁给我们的爱情。”

这就有点火药味儿了，除了想玩点儿新鲜“一鸣惊人”外，还有点“挑衅”的意味，你们不都是这样吗？我就偏不这样。她倒是痛快了，名震乡里了，但他的父母可就“遭殃”了，还怎么在乡亲们面前“立面儿”，怎么在亲戚朋友面前张嘴。

也真是厉害了，我的朋友！

有的人会说，可把他男朋友那边儿给乐坏了。其实也不是这样，男朋友倒无所谓，反正两个人感情好，彩礼不彩礼的并不影响他们的婚姻质量和夫妻感情。男朋友的父母倒是觉得很不自在，关键是没碰上过这样的呀，这闺女不按套路出牌呀。他们甚至感觉心里不安，甚至还怕被人笑话“连个彩礼钱都拿不起吗”。所以，他们三番五次去亲家家里商量，说：“别人拿多少，咱就拿多少。”到后来，商量着：“要不象征性拿一点，有这么一个说法儿就行了。”

但这个表妹就是“一根筋”到底了，就是一分钱彩礼也不要，还倔强地扬言：“你们要拿彩礼，我们还就不结婚了。”

父母也真是拿她没办法了。想想，什么彩礼不彩礼的，只要孩子愿意，孩子高兴，以后的日子过得踏踏实实、舒舒心心、红红火火，那才是大事儿。天下的父母总是对儿女怀着最深的慈悲，所以就有了这么一场名震乡里的“零彩礼”婚礼。

结婚是人生的重大主题之一。男人娶一个女人做老婆，除了他喜欢这个女人，爱这个女人，更多的是承担家族和社会的使命，是成家立业，使人生步入正轨。女人嫁给一个男人，是她信任这个男人，爱这个男人，愿意陪他一生，当然也更期望这一生能得到幸福。

然而有些命题必然是沉重的。相互喜欢是容易的，有时候就是一个眼神；相爱，也只要两个人三观相同，并彼此尊重这份感情就可以。可结婚却要附加好多条件，是一个社会命题，而不再仅仅是两个人的问题那么简单。

结婚证好领，拿上户口本、身份证，到民政局工作人员问一句：“是自愿的吗？”你们回答：“是自愿的。”人家就给你们盖章发证了。然而结婚却要买房子，拿彩礼，办婚礼。这是习俗，也是规则，你们逃不开这规则，因为大家都这么办。你不这么办，就会被质疑，甚至被嘲笑。所以，结婚好像是结给别人看的，而不只是你们两个人的两相情愿。

房子，从某种程度上来说是必须的，因为一个家总需要一个小窝儿。问题是，房价太高，家里太穷，给结婚或者说给家庭造成了很大的压力。

这世间绝大多数的难题，似乎都是给穷人准备的。所以，穷不但难受，还有耻辱的标签。穷，好像成了万恶之源。没人愿意穷，甚至连鬼都不愿意穷。

仪式是必须的。因为结婚毕竟是人生最隆重的主题之一，怎么也得庄重一点儿，这是对情感的尊重，也是对人性的基本尊重。

彩礼，这是习俗，也是可以存在的。人有穷富，可多可少是客观自然的。然而，事实的真相是彩礼这种事从来就没有客观自然过。它有一个标准，好像结婚就得有一个明确的价码。你不按这个价码来办，就过不去这个坎儿。女方的考虑在很大程度上是"我们总不能低人一等"人家多少，我们就多少。

有钱的，多少都能拿得出；难受的是没钱的，真是咬着牙的疼，更有甚者真是求告无门，恨不能把骨头砸碎了，也办不成。近年来，贫富差距的日渐明显更加剧了这一问题的"白热化"。在某些地方，甚至出现了"天价彩礼"，什么"万紫千红一片绿"等，五花八门的各种讲法。

结婚没有结得轻松的，就是两个新人也常常被折腾得疲惫不堪。恨不得这一关赶紧过去， 然后轻轻松松地按着自己的想法和意愿去过小日子。

都说："越穷的好像越要彩礼，越有钱的越不在乎。"可是，没人愿意穷，也没人说完全不在乎。要点彩礼其实也没什么，只是这种事在操作过程中，在世俗风气下变了味儿。甚至好多家庭因为彩礼问题闹僵，进而积怨，为以后的日子埋下了隐患。

有的家庭七借八借凑够了，好歹结了婚，但婚后两口子却要承担结婚债务，闹得家庭不和谐。而结婚不就是奔着幸福去的吗？结果闹了一堆意见、矛盾，甚至大打出手，不欢而散的也有。甚至有时吵架，也总拿当初的彩礼说事，一方说“卖女儿”，一方说“我们就那么贱吗？白给你们的吗”。

表妹的“零彩礼”婚礼，的确是有些惊人、有些极端。年轻人玩点儿新鲜可以理解，但还是不得不让人佩服她的勇气，也佩服她的坚定与阳光。因为她是以自己来证明“我们是因相爱结婚的，我们的婚礼不需要其他的附加条件来证明”。也彰显了自己的胆气与不凡，“我就是要嫁给纯粹的爱情”，不想要其他杂事来掺和、来打扰。

的确，男人娶女人不是买卖；女人嫁男人，也不是求养着。那些什么“我养你”之类的情话和承诺，仔细推敲起来，似乎也没那么情深意浓，没那么伟大光明。新时代，女性的独立意识和独立能力越来越强。我要你养做什么，我又不是不能养活自己，相反我要靠自己的能力、实力把自己养得好好的。说不定，我的能量还能大到养起一个家，养你呢！就像演员范冰冰说过的一句话：“嫁什么豪门，我自己就是豪门。”

虽然我们不是范冰冰，但这种女王范儿的气概还是让人心生佩服，也值得自勉与学习。

表妹的“零彩礼”婚礼，虽然不具有推广价值，但却值得我们深思和改进。彩礼可以适当地要，但最关键的是婚要结得开心，一辈子才能安心、幸福。

愿你不只有一笔风光的彩礼和一场风光的婚礼，还能有风光的爱情和一生风光的幸福。

06 最好的爱情，就是“两只罐子”

儿子垚垚一周岁零两个月。初冬的北方干燥而寒冷，垚垚没能抵抗得住，感冒了。一连半个月都不见好，吃药、打针，用偏方，各种方法都用了，最后还是不得不去医院挂水。米东、周妍两口子心疼又心急，都恨不得自己替垚垚生一场病，好歹别这么折腾孩子。

对于一岁多的孩子，每次吃药、打针已让他们两口子像在战斗一样，连哄带骗，挂水更是不容易。米东双臂紧紧地搂着儿子，双腿还得夹住儿子不停蹬踹的小脚；又紧张、又害怕、又担心，折腾出一身汗来。好在儿子还小，折腾一会儿他就没力气了，渐渐放弃抵抗，慢慢安静下来，在他怀里睡着了。

周妍下了班，匆匆赶来医院，手里提着饭盒，示意米东换她来抱儿子，好让米东赶紧扒拉两口饭。

米东从昨天晚上到中午一口饭也没吃，但米东有些为难地说：“别换人了，一换保不齐又惊醒了儿子，一闹腾，跑了针，或者回血，又得叫护士重新扎，再受一茬儿罪。”

周妍觉得米东说得也有道理，可是也得吃饭呀。最终两人商量了一个办法：米东还抱着孩子不放手，周妍打开饭盒，拿勺子喂饭给米东吃。

米东一开始有些难为情，周妍竖起眉毛嗔怪，口气坚定地说：“害什么臊呀，一家人。”米东这才张开嘴。

周妍像喂孩子似的，一口一口地喂着米东，米东心里一阵一阵地暖，眼睛也一阵一阵地发烫，感觉眼角有泪要落下来，但作为一个大男人只能强忍着，生怕被人笑话。医院里的护士们瞅见这一幕，投来惊奇又羡慕的眼光。

这温暖的画面，明明显显地写着：世间最好的爱情，莫过如此。

的确，不管世界如何庞大，世道如何艰难，我们还能如此相爱、相待，深情、真诚，虽不似恋爱时花前月下般浪漫，但若能如此惺惺相惜、暖暖依赖，便是不离不弃的天长地久。说是平常，亦不平常，平常是因为年深日长，不平常是因为不离不弃，相濡以沫，温暖依赖。

红尘俗世里的饮食男女，也许少有轰轰烈烈的耀眼爱情，但最好的爱情莫过于：喜欢时，为你花开；相爱时，共担风雨；相守时，不弃不离。就像是，花开时，深情地忙碌，把花粉酿成蜜；花落时，虽然不再娇艳，但还有新酿的花蜜分享；年老时，花不开了，枝不绿了，蜜也吃完了，我们再也没有酿蜜的力气了，但我们剩下了曾经装过蜜的罐子，两只就够了：一只用来装盐，给你生活的必须；一只用来装糖，满足你贪甜的萌心。

这样的爱情，亦是人间烟火流年的最好吧。

07

请认真对待，你娶的那个姑娘

“婚姻是婚姻，爱情是爱情。”这大概是结婚后，尤其是结婚久了的人最切肤真实的感受。大多数人的爱情终被世俗庸常熬尽，也被柴米油盐打败。

以前在意的，终不再在意；以前用心的，也终成疲惫的倦怠和无视的懒惰。太多结了婚的姑娘变成媳妇以后，都慢慢看破了婚姻的真相。爱情只是需要面对你我，而婚姻却要承受全世界。

当女人不再脸红、不再害羞，不是她自己放弃了自己，而是来自于男人的放弃：由应付到疏懒，由疏懒到陌生。女人变得不再可爱，不是因为她生了孩子走形的身体，而是她的柔软被悄悄磨没了，或者是她把更多的关爱给了孩子，其实她可能更渴望你爱她。当你不再那么激情地爱她，她只好全身心地去爱孩子。

有人说，都结婚了，干吗还那么矫情。的确，太矫情了，是会被人笑话。但完全不矫情了，婚姻真的就变得索然无味了。索然无味的婚姻，总是令人失望的。也令人变得丑陋，一切缺点都暴露无遗，随之而来的就是吵架、冷漠、针锋相对……

身体离得近了，心却越走越远，越走越陌生。这难道就是我们想要的婚姻吗？恐怕没有人一结婚就是这么想的，即便是将就了世俗的婚姻，当时多少也是有一点儿期望的吧。

爱情，是让生命发光的东西，婚姻是叫人成长的功课；爱情，是一场花期，绚烂到忘我；爱情，是一场春雨，然后天边出现彩虹。而婚姻就像是种果树，须得耐心、用心，方能结出甜美的果实。但现实是有太多的人看过彩虹，却收获不到甜果。

那个你娶了的姑娘，但愿不只是缘于你求偶的本能；那个你决定要嫁的人，但愿不是世俗的将就和青春不再的苟且。你们还会拥抱吗？你们还会牵手上街吗？或者至少中间有孩子，孩子一手牵着爸爸，一手牵着妈妈，也是人间绝美的盛景。

不要说，我单位一大摊子事，外面这么难混，已经够我焦头烂额了，我实在没什么心情再去哄你；不要说，我这么辛苦，不就是为了让你们过上更好的生活吗？既指望我挣钱，又要我浪漫，我不是铁人，也不是情圣。其实，对于女人来说，“更好的生活”其实没有什么比得过“你心里有她，你在意她”。你的那些理由，也许都是经不起推敲的借口而已。

而女人，也请你不要完全被烟火庸常教育得斤斤计较，请记住：能让你永远年轻的，从来都不是那些昂贵的化妆品，而是你的少女心。

愿你们领了结婚证，不只是凑到一个屋檐下将就着生活；愿你们既然承诺了相伴，就认真对待；不要以为是自己人了，就不再认真，更不要无所顾忌到相互伤害，生生把对方变成彼此眼里最丑陋的那个人。

愿你们结婚的意愿不只是：他有钱，你有貌；也愿你们不离婚的理由不只是孩子。因为钱不会永世，貌也不会一直青春，孩子更不是你们慢待彼此的借口。孩子迟早要远走高飞，最后剩下的还是只有你们俩。何况，没有一个孩子愿意有一对经常吵架的父母，每一个孩子也都愿意有一个他喜欢回的家。所以，彼此好好相待，用心认真相待，这才是对孩子最好的相待。

愿你们都是彼此最好的相伴：少时满树花开，老来依然长情。

08

总会有一人，懂你每一刻

平凡的世界忙忙碌碌，你是不是用心爱着别人，也努力做着自己。只是有没有那么一个人，和你一起，一起努力面对，也一起用心给彼此慰藉。你咳嗽了，他担心你感冒；你没有笑容，他关心你是不是受了委屈，还是劳累到无力疲惫，或者偶然厌倦了这尘世种种的人情世故，无聊乏味……

他总是那么认真地在意你，在意你在这平凡生活里的点点滴滴。每一份时光，都有他陪在你在一起。在一起，就是他甘心愿意为你做一切，不管是开心欢喜，还是落寞失意，坦途还是逆境，阳光还是风雨，都有他和你在一起。他就是这样在意你。

快乐愿意与你一起分享，忧愁愿意为你排离，愿意为你受委屈而勇敢，替你不顾一切讨回公平；愿意为你孤独而放下自己的全部来陪你。你笑，他陪你一起开心，你难过，他愿意为你擦干泪滴。耐心地倾听你诉尽委屈，让你慢慢暖过来，重新笑着面对自己。

愿意陪你一起，看阳光铺满城市，看街边的树换了绿衣，看云朵在天空的床上像婴儿一样安睡，看路边的小花开得分外努力。

你会说，真的有这样的人吗？会的，总会有这样一个人。你总会遇到这样一个人。

你耐心等待，他总是会出现的。也许，你一转身，他就站在阳光里对你微笑，在花开处捧你满怀芬芳。那就是真爱了。

真正的爱是：他爱你美丽的容颜，也爱你真实的缺憾；他爱你的温柔多情，也爱你偶尔的任性；他爱你开心的欢笑，也爱你委屈的眼泪；他爱你一心坚定的从容，也爱你失意的脆弱；他爱你精心打扮的美丽，也爱你邋遢时暴露的真实。总之，他爱你就是有勇气，有耐心，也有胸襟，爱你的一切。从清晨到日暮，从少年到银发；爱你骄傲的青春，也爱你俗常的苍老。衷心，便不怕困苦；痴心，便无惧世界残酷薄凉；耐心，便不怕你也不那么完美。

会的，总会有这样一个人。

09

谁的“执子之手”不是将就着“白头到老”

《诗经》里的爱情是最唯美的爱情，因为古老，所以自然；因为自然，所以单纯；因为单纯，所以美好；因为美好，所以被千世万代传唱。

人间的事，地位、权势、金钱、利惑，往往是越大、越多、越富丽堂皇，给人的满足感才更高。而唯有爱情这件事，似乎越简单才越情深意长，才越有幸福的滋味。如若掺杂了别的因素，不是无奈，便是苟且。利欲世界，烟火人间中有些东西想要抵达简单，倒成了万难之事。这是一个悖论，又像是一个顽固的事实。

一眼看见你，便心生倾慕，暗生依恋，便是喜欢了。相处相知，从此依赖，不想分离，风雨阻隔都努力不变改，就成了爱。

然而“爱”这件事，仿佛也有期限，最美好的不过那一瞬。那几年，心里、身上都披着幸福耀眼的彩虹。一旦过上日子，烟火琐碎，世俗人情，责任压力，都成了生活的正题。

从“你侬我侬”到“吵吵闹闹”，谁的“执子之手”不是将就着“白头到老”。你喜欢他的帅气、才华、温暖、浪漫，也要做好接纳他缺点的准备；你恋慕她的年轻、漂亮、活力、温柔，也要培养接受她脆弱、苍老的耐心和勇气。

世界复杂，生活繁乱，不是只有你们两个人单纯地“相互取暖”就可以，你还要面对他（她）的家庭。所谓“岁月静好，现世安稳”，不过是你们爱如胶漆时为自己描画的美丽彩虹。既是彩虹，那就终有落下的时刻，当然也有再升起的时候，所以它才万般珍贵。

人人厌弃鸡零狗碎，可谁又不是生活在这鸡零狗碎之中呢，艰难努力地想活出自己的一番滋味。“就算我活得不风光，不耀眼，最起码也不差”是更多人的常态。

人生只道是寻常。寻常日里的“久温”，才是支撑一生不惧疲惫、不怕艰难的最大支撑。

冬风凛冽，窗外还有阳光，便是人间如常、如是的模样了。谁不一样，他只活在童话与天堂中？恐怕只有孩子和世外高人才可能。而我们都真真切切地活在这世道人间。

伟大的人类盖了无数间房子，而你们两个人是在努力经营着一个小家。房子是冷的，家才是温暖的。房子不过是个壳子，钢筋、水泥而已，但你们用心在它里面摆满大大小小的物件，碗橱、衣柜、鞋子、衣服，菜板、玩具、花草、油盐、调料，窗帘、床具、书本，还有你们的身体与灵魂，责任与希望，那就成了一个小家。

你们在这个小家里夙兴夜寐，叮叮当当，忙忙碌碌，相伴相眠，欢笑悲伤，怒火沉默，同岁月一起慢慢长出皱纹……过着这平常的一生。

好在出门时，门口有你换下的拖鞋；进家时，你一眼看见我的身影。这日子，有你、有我，安然静好。

10

我愿给你一米阳光，让你慢慢暖过来

周东负责两个街区的快递投送，这个工作他已做了三年。虽然上了一个专科学校，但现如今的社会，专科生是不好找工作的。

周东25岁，辞掉上一个工作是因为老板根本不拿他当人看，就像是奴隶主对待奴隶一样。多干活其实没什么，年轻人总要受点儿累，吃点儿苦头，可是那苦头往往带有阶层性的歧视，甚至尊严的凌辱。“你不过就是个盲流，你能有这口饭吃，就要好好珍惜。我的钱是发给给公司创造价值的人的。不会发给一个只想应付了事、混天度日的人。”

那是一个房产中介，在那里上班时，刷马桶、扫厕所这种事周东也做过，做过之后得到的评价是：“一个连厕所也扫不好的人，还能干成什么事。”当然，下次还是安排他去干。好像，作为老板他出的那点儿钱，就是为了用来奴役和驱使员工的。周东干不下去了，是因为觉得自己不是一个人了，而是一个被廉价购买的工具。

来到这家快递公司，周东倒觉得省心，根据工作量给绩效工资。很省心，不用费脑子。虽然工资也不算高，但觉得终于又能

活得像个人了。

丽馨园路有一个小院子，在高大的楼群后面，是还没有被拆的那种。那里住着一对爷孙俩，爷爷一头银白头发，孙女一肩直发如瀑。爷爷是个鞋匠，为人做定制皮鞋，只是个匠，不是大师，多是为一些普通收入的人做一些价格公道、舒适无比的鞋子。

也许人的衣着当中，鞋子是最重要的，因为穿得合适，才能更好地走路，走得再远也不会担心磨破脚。

爷爷守着一生的本分，经历过人生的风风雨雨，如今安淡恬静得像一幅陈年的水墨画。孙女二十一二岁，面如皓月，眼如清湖，唇如丹朱。只是那张嘴，发不出声音。她是一个哑女。

周东给他们送来的货，有时候是爷爷定的皮子，有时候是孙女从网上买的一些小东西。每次送来东西，爷爷都招呼小伙子喝一杯红茶，孙女浅笑着端过来，以示礼貌。周东起初客气推让，后来渐渐习惯，也就欣然领受。

后来，周东来的次数越来越多了。因为一些人懒得来取鞋，要求最好能快递到家，爷爷不会弄，孙女帮着在手机上弄，然后周东就来收快递。往来渐渐熟悉，竟然也觉出了亲近。

这样的时光安静如水。只是这安静在一年半后被打破：爷爷在一个不可预料的平常早晨，或者也可能是夜里，突发脑溢血走了。走得万分突然，也走得让人唏嘘感叹。

剩下这样一个哑孩子，以后怎么生活？至于为什么这家只有这爷孙二人，周东不知道其中的故事。爷爷走后的一段日子，周东从邻居处打听到：爷爷是个外来户，一辈子独身，60岁的时候收养了一个弃婴，就是这哑孩子。

这孩子到现在也不知自己来自何处，爷爷也给不出答案。她本想，她能和爷爷一直这样生活下去的，相依为命。但老天不允，并且没有给他们丝毫准备的时间。

爷爷的葬礼是乡邻们找到街道办事处负责办理的，哑孩子只知道掉眼泪，别的事全由他人操理。

孙女不会做鞋。爷爷在世的时候，想让爷爷教她，但爷爷表示这不是女孩子做的事。爷爷问过孙女喜欢什么？孙女指了指挂在中屋厅堂墙上的一幅水墨画。于是爷爷送孙女去学画画，六七年风雨无阻，孙女已画得有些眉目了。但后来，孙女表示不学了，因为太费钱，爷爷一天比一天老，她不想爷爷太累了。

可是现在，她要靠什么生活下去呢？街道上的人也在为她操心，有的要为她寻一个好人家，但姑娘不肯；有人想给她介绍工作，可是一个哑巴女孩能去做什么工作，还真是有些愁人。好在爷爷给她留了一些存款，够她生活一段时日。

周东是在来取一个客户要求的快递时，才知道哑姑娘的遭遇的。他的心为她软得有些疼，但又不知怎么帮她。周东问她识字吗？女孩儿从抽屉里拿出她画的画，指着画里的字，表示她认字，周东笑了。

半个月后，周东来找她，说给她找到了一份工作。他带着她去见经理，经理表情犹疑地问周东："亲戚？还是对象，你这么上心。"周东脸红，说什么都不是，就是以前给她家送快递、收快递，然后给经理说了她最近的遭遇。

经理表示，既然能认字那就好办，能干分拣件儿的活儿，一个月给1500元，问愿不愿意。周东看她，她又看看周东，然后点头答应了。

几天后，周东去经理家表示感谢，买了些水果，因为经理也为此做了难，公司规定是不招收残疾人的。

经理说：“你知道，我为什么愿意帮这个孩子吗？”

沉默了半天，经理说：“因为我的姐姐也是一个聋哑人，可是她已经去世了。姐姐走的时候只有18岁，因为去一家纸箱厂上班，糊纸盒，结果没干三个月，被人欺负，心里想不开，跳了河。她在这里，最起码我能保证她不受欺负。”

周东红了眼圈，说：“谢谢经理。”

经理也红了眼圈，说：“不管什么样的人，都应该得到尊重，也需要保护。”

公司里好多人开周东的玩笑，说哑女孩是周东的对象。周东红着脸，但坚持说不是，说她只是妹妹。哑女孩也觉察出什么，脸也红，但安静地沉默。

后来，妹妹在这儿只干了九个月。因为她不用出来工作了，她要去做她喜欢的事。

原来，爷爷挂在中屋墙上的那幅画是一件国宝，价值连城。周东是因为好奇，用手机拍照发到了网上，被国家博物院的人看到了。博物院的人给了妹妹两个选择：一是博物院按市价收购这幅画；二是妹妹以捐献的名义将这幅画捐给国家，国家保证她一生的吃住，生老病死。这两个选择妹妹都拒绝了，但提出了另外三个要求：一是她不要那么多钱，她可以把画捐给国家，但要给爷爷换一块大的墓地，而不是让爷爷躺在一个小小的骨灰盒里；二是她要去学画画，希望能把她送到正规的学院去学画画，她喜欢这件事，她要做一辈子；三是要给周东买一套房子，好让他在城里能娶上媳妇。这三个要求博物院的人都欣喜地表示没问题。

只有周东不肯接受，说那是妹妹的，不是他的。妹妹哭了，说周东要是不接受，那她其他的一切也不接受。后来，变成博物院的人劝周东，说这样一件国宝放在女孩家里极不安全。周东只好应允了。

现在，5年已过，妹妹也已办了画展。但那套房子的钥匙，他一次也没有用过。下周三，周东要结婚了，妹妹做嫂子的伴娘，妹妹的对象做哥哥的伴郎……

世间的善良，有时候常常被人误解，因为他们都戴着有色的眼镜。真实的美好与温暖，只有故事的主角才明白。

这一生，愿你骄傲做自己

洛兮，不是个高智商女孩，情商也很一般。至于她的颜值，也不是那种美到精致，走到哪里都像是一道闪电的女孩，她就是一个平常的女孩。在一座十八线小县城，洛兮不出众，不出彩，日子的内容也特别简单，简单到就像一幅静静的水粉画。

平时的她，就像清明的柳丝，谷雨的槐花，如邻家院里静默开放的蔷薇。清秀，淡若。

但凡这样的女孩，都不会有太精彩的人生，成绩一般，学校一般，工作也一般，家庭不会卑微到贫贱，也不会富贵到高不可攀。

洛兮，初中毕业，考上重点高中，因为她平静而努力。但重点高中的孩子也不一定都能考上重点大学，洛兮就是这样的。尽管洛兮也很努力，但洛兮也没有那么拼命，因为她觉得，青春不能完全被考试榨干。

所以，洛兮用着自己平常的力气，考了一个平常的学校，省城的院校。离家不远，没有异乡的感觉，只不过是一个大一点儿的城。能够经常回家，不会孤独，也能感觉到安全。

洛兮没有野心，所以也不那么向往远方。当然，她的爱情也没有那么轰轰烈烈，高中时被一个“学霸”表白，洛兮只是慌张，终于还是没有答应。可能她一直长着一颗童心，不知道喜欢和爱究竟有多少分别。结局也很好，“学霸”没有纠缠。洛兮有时候会偶尔怀念那种简单幼稚的美好，只是现在已不知道“学霸”去了哪里，过着怎样的生活。高中同学聚会，没有“学霸”，微信同学群里也没有“学霸”的影子。“学霸”就是“学霸”，他属于更大的江湖和更远的世界。

大学时，洛兮谈了一场恋爱，一个跟她同样安静的男孩。他们相遇在图书馆，当时洛兮捧着一本《简·爱》，读到落泪，一时恍惚，此时，对面递过来一枚纸巾。洛兮先是被吓了一跳，心一下子就紧张起来，然后抬头就看到那张干净而开阔、眉宇清朗的面孔，心竟然又莫名地安下来。

她手不由自主地接过那枚纸巾，为什么不是一张，因为那枚纸巾是折叠着的。洛兮接到手里，有些轻微的重量——那是因为折叠的纸巾里还有一枚薄荷味的绿箭口香糖。

那以后的日子，他们总是不约而同地在图书馆静对相坐，一切平常。有时他带来一对杧果，有时她带来两包巧克力饼干。再后来是，他为她买一杯热奶茶，揣在怀里带来，因为怕奶茶凉了；她为他选一条藏蓝色的围巾，亲手为他戴好，微笑着说：“很棒。”

三年的爱情，好像没有电影里那样夸张的风花雪月，也没有书里写得那么荡气回肠，他们只是静静地相知、相爱、相伴。竟也是幸福无比的。

然而大三的下学期，他不辞而别了。她一下子感觉世界黑暗，并开始四处寻找他，甚至还跑到他的家乡，但都一无所获。

后来，那已是大学毕业之后，她在一则励志新闻里得知他抗癌失败，在生命的最后时光对着镜头说，他欠一个女孩三个字，但是现在的他已不能再说。洛兮看到后泪流满面。

原来，最好的爱就是要永远给对方最好的自己，给不了就及时放手。他不想用爱情去绑架另一个人的人生。爱情不是用来绑架的，是用来给对方最好的。最深的爱、最纯粹的爱，往往都心怀慈悲，而不是顽固占有地拖累。爱是给，不是要。

洛兮回到小城，找了一个平常的工作，领着一份平常的工资，过着一份平常的生活。只是没人知道洛兮内心曾有过的风雨世界，她还想着一个人。然而时间流逝，岁月不等人，世俗不饶人。洛兮会被要求去相亲，会被要求结婚。

洛兮也渐渐忘记，渐渐麻木。在30岁时她结婚了，嫁给了一个公务员，说不上喜欢，也说不上讨厌。洛兮分析过周边的人，她觉得大多数人的生活也就是这样的。

人生没有那么多奇迹，生活也永远不会给人太多精彩。洛兮终于过上一个平常女孩的生活。在这平常之中，她平常地呼吸，也平常地流逝光阴。然而，三年之后，洛兮做了一个惊人之举——辞职了，也离婚了。

辞职不是因为有了更好的选择，离婚也不是因为背叛和厌倦。只是洛兮觉得，这一切都不是她想要的生活。

一个温水池塘，各种鸡毛蒜皮的杂事，斤斤计较的单位，已让她厌倦到不能忍受。她觉得要是一生耗死在这里，真是一种悲哀，也太不值得。尽管好多人都已习惯如此，甚至会因大大小小的职务和利益洋洋自得。婚姻，那个当初不怎么讨厌的男人，现在暴露出种种小气和庸俗。就是一个彻头彻尾的小男人，或者连“男人”这二字都不配，只满足于拿一份微薄的工资，每天在外

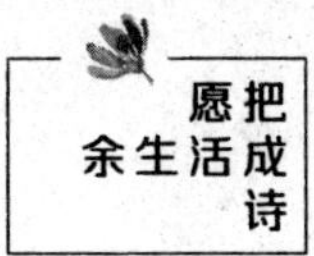

面吃吃喝喝，回到家就玩手机、打游戏，有时候还要耍耍大男人脾气，实际上特别无能。

他的房子是父母给他买的，他的车子也是父母出了一半的钱买的。也许，有的女人会满足这种家境，满足这种生活。但洛兮觉得，这不是一个独立的人的生活，而是依赖的将就。而她不想将就。她不想过这种低着头、没有一点人生自主意义的生活。她觉得那是在耗日子，那是在熬光阴。她觉得，这样活着，简直还不如一株草。

洛兮不是神经病。但生活中往往最清醒的那个人，常常被一群不清醒的怀着神经病人的眼光看作不正常。人们往往会用多数人的麻木为少数人贴上另类的标签。洛兮只是不想熬光阴，不想耗日子，不想这一生都这样毫无意义。

洛兮走了，去哪儿，她不知道，但她坚定地知道：她一定要走。走得满城风雨，但她走得分外从容，也了无牵挂。她没有孩子，因为她不想为一个不爱的人生孩子，这不只是对自己不公平，更是对孩子的不公平。

别人的快乐只是别人的。我只是我，我只做我，做最好的我。我昂着头，做骄傲的我，不渴望被全世界接受，我只求发着自己的光，哪怕寂寞，那也是我骄傲的寂寞。

洛兮不害怕，她选择做勇敢的自己，此时她才发现，原来自己可以这么不平常！

有人说：“自己选择的路，跪着也要走完。”如果这条路是对的，跪着也是一种悲壮。如果这条路是错的，又何必苦苦坚持，如若坚持那不只是人生的不幸和无奈，而是一生的灾难。

洛兮，她只是不想做这灾难的牺牲品。

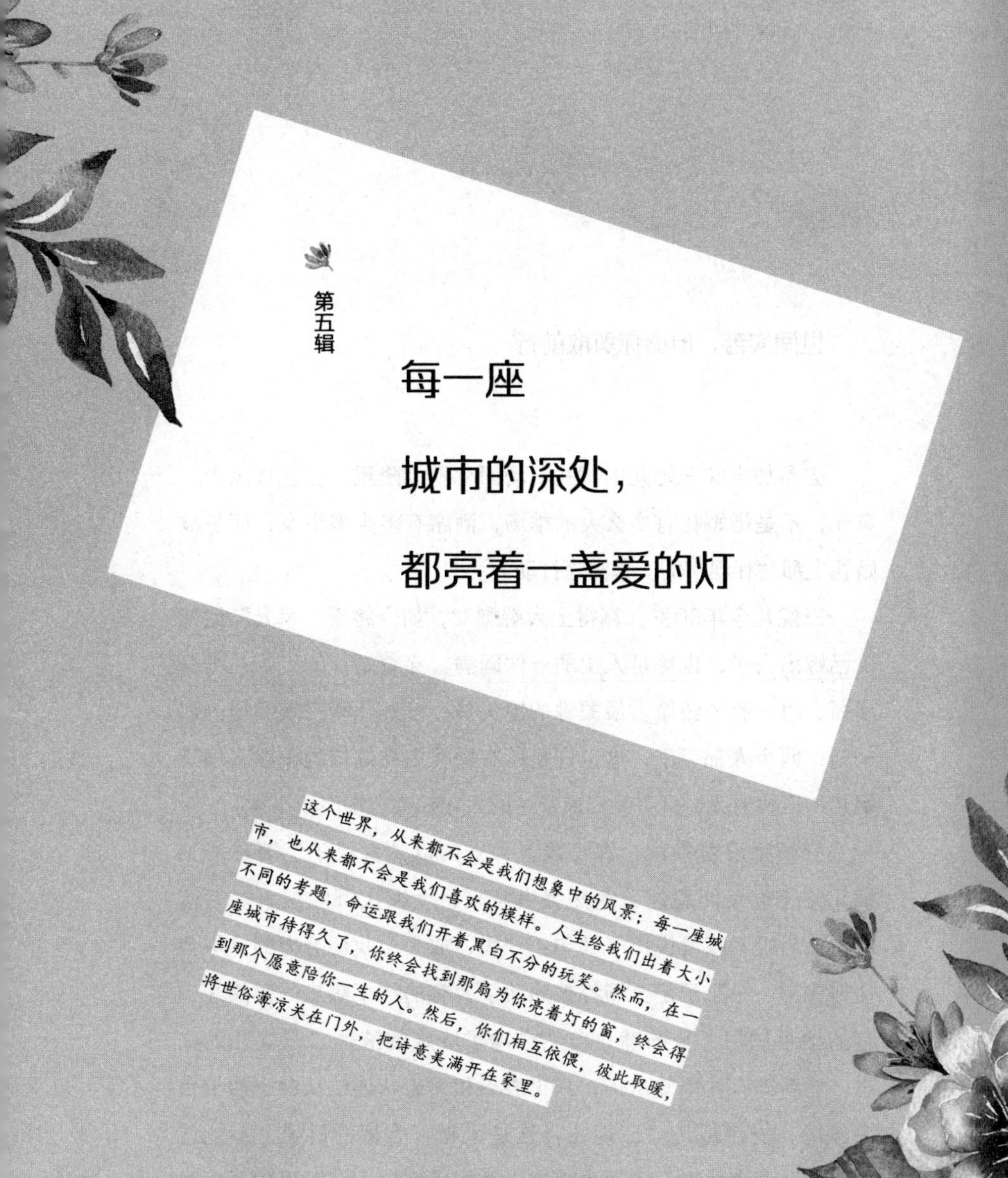

第五辑

每一座城市的深处，都亮着一盏爱的灯

这个世界，从来都不会是我们想象中的风景；每一座城市，也从来都不会是我们喜欢的模样。人生给我们出着大小不同的考题，命运跟我们开着黑白不分的玩笑。然而，在一座城市待得久了，你终会找到那扇为你亮着灯的窗，终会得到那个愿意陪你一生的人。然后，你们相互依偎，彼此取暖，将世俗薄凉关在门外，把诗意美满开在家里。

世间实苦，但请你勇敢前行

去参加表妹三妮儿的婚礼，场面称不上隆重，但也算风光。风光，不是指婚礼有多么大的排场，酒席有多少多少桌，而是被婚礼上那“壮观”的一幕深深打动。

三妮儿今年30岁，算得上大龄剩女，如今终于“风光”地把自己嫁出去了，也算是人生的一件圆满。穿着婚纱的三妮儿满身幸福，也一脸的骄傲。最关键的镜头是：三妮儿和三姨拥抱的那一刻，两个人都哭了，这也许是所有婚礼主持煽情的桥段，但三妮儿和三姨的哭，只有我们最亲近的人才知道有多么不平常。

三姨强忍着抽泣，浑身颤抖，一向以“女汉子”著称的三妮儿终于也没能忍住，竟然哭出声来，大颗大颗的泪水往下落着，然后咬紧嘴唇说出了那句：“妈，放心，我会努力的，不会让你失望……”于是全场都被感动了，有的红了热热的眼圈儿，有的抬手拭泪，我的嘴角自然也噙了咸咸的液体。三妮儿的失态，让新郎有些不知所措，只见表弟和大表妹连忙从台下冲上台去救场，安慰道：“三妮儿，这是干吗，大喜的日子，不能这样……”大表妹也几乎哭出声来：“姐，别哭……”已成了大男子汉，当了军官的表弟也嘴唇抽动，一瞬间眼里满是泪花。三个孩子再加上三姨，一家人在场上一场好哭，壮观到让所有人都被催发了内心的柔软。

三个孩子当中，数三妮儿最有出息，也最倔强，一路从本科读到博士，现在在山东一所大学做老师，还做着律师的工作。可是，三妮儿走过的这一路何其艰难，只有我们这些着紧的亲戚知道。

三姨和三姨夫都是地地道道、老实巴交的农民，没什么头脑，也没有心眼儿，全靠卖傻傻的力气供出一门三个大学生，并且都是名牌大学。光靠种庄稼的收入是决然不行的，三姨和三姨夫种大棚，卖蔬菜，两个都瘦得像麻秆儿一样的人最多的时候竟然种了三个大棚。十五年如一日，风里来，雨里去，晨披星，晚戴月，生生把两个人黄皮肤的亚洲人熬成了“非洲人”，这是村里人给三姨和三姨夫起的外号。

三妮儿其实不是老三，而是老二，因为三姨在三妮儿之前丢过一个孩子，两岁上病死了，得了那种倾家荡产治不好的病。三妮儿生下来的时候，瘦得像只猴，大家都说养不活，但她愣是生生硬硬地活下来了，也结结实实地长大了，并且越长越不像个丫头，倒像个顶门立户的小子。6岁的时候就知道蹬着凳子帮着早出晚归的三姨做饭、刷锅，完全一副小大人模样。大表妹虽然头脑聪明，但生性软弱，经常因为穿得破、身上脏，被人嘲笑欺负揪辫子、往书包里塞蛤蟆，三妮儿就敢拿着棍子跟人家去拼命，把欺负她姐的孩子“收拾”了个遍。后来，连村里最野蛮的小子都怕了，送三妮儿外号“女土匪”。

村里人都说三姨生了个“怪胎”，这“怪胎”经常做出些惊世骇俗的事。有一次，三妮儿干了件连大人都不敢干的“大事”。村支书贪污救济款，那一年少分了三妮儿家200元，三妮儿上县里把支书给告了。一个13岁的孩子怎么会知道这件事要这样办呢？这一直是个秘密。那时，三妮儿刚到镇里上初中。能有这么大的胆子和心路讨回公道，村里的老百姓都说，这三妮儿不是个平常的娃娃，将来一定会干成大事。三妮儿自然也在隔三岔五的“惊天动地”中，活成了全村人的骄傲，从小学到高中，从大学到博士，最后还当了大学的老师，并且还考上了律师。人们说起她，都不由地赞叹。

当然三妮儿也没少因为她的胆儿大“惹祸”，比如把镇上来学校里欺负女生的小流氓送进了拘留所，还把乱收费的校长告到受处分。那年上高二，帮着下铺的舍友把学校保卫处的一个地痞保安告成了强奸未遂。那个本是地痞的人穿着一身保安服，经常干些勒索学生钱财、骚扰女学生的流氓行为，全因他是校长的亲戚。因为这些事，学校曾以“不安心上学，四处闹事”的莫须有罪名，要将三妮开除。但三妮儿不怕，拍着校长的桌子说：“你要敢开除我，我就敢让县长开除你这个校长。”

那段时间，因为那位校长正赶上高升调离，而三妮儿又是学校不容置疑的尖子生，来了新校长，这事儿才不了了之了。

当然，三妮儿也吃过亏，在放假的路上被人截住，打折过胳膊，也被泼过油漆，但三妮儿从来都没有怕过。见别人被欺负，三妮向来都是路见不平，更何况这是对自己的欺负，三妮儿怎么能忍气吞声，自个儿停了一个星期的课，去派出所盯所长，要求破案，还在县政府门前举过牌子。一件件，竟生生让她都给告下来了。

人们奇怪，这么一个孩子，为什么有这么大的气度和胆量。后来，三妮儿跟我说过一句话，我就从来不怀疑了。三妮儿说："一个人要是连死都不怕了，他还能怕什么呢？"

我不知道一个小小的孩子为什么有如此胆量和见识，后来我渐渐明白，是三姨、三姨夫的懦弱和本分引来的卑微、欺侮，让三妮儿在一次一次看着他们无路可退的时候，终于爆发了、觉醒了，或者跟三妮儿天生的倔强性格也有着不可分割的关系。

以上这是说三妮儿的"天不怕，地不怕"，三妮儿还也有三妮儿的"难"。三妮儿从来没有因为穿得破、吃得差、家里穷，在外人面前、在学校里觉得低人一等。在三妮儿身上从来没有那种叫人叹息的自卑，她是穷得如此坦荡、从容，倔强，有力量。一个孩子，内心能够强大到如此地步，想想应是在经历过苦得没法再苦之后，倒放宽了胸怀，放大了格局，不去在意一些表面的东西，而是内在的求索上进，似乎才能更加坚定到毫不犹豫。

最难的时候，是三妮儿上高中的时候，先是三姨夫脑溢血，差点儿没命，后来人是醒了，但瘫痪了下不了床。那时候三姨感觉天都塌了，大棚从三个减少到两个，再减少到一个，看病要花钱，而来钱的道儿又见少，到了"屋漏偏逢连夜雨""越渴越吃盐"的地步。

那时候大表妹上大二，三妮儿上高一，小表弟上初三，把三姨一个人累垮了，也愁傻了，整个人像丢了魂儿一样。我两个舅，我妈，还有另外两个姨只好站出来，分摊接济他们，好让三姨一家能支撑着活下去、过下去。有钱的出钱，有力的出力。那时候，我记得最清楚的就是每个月放假，我妈叫我去学校接三妮儿到家里来吃顿饭，然后给她生活费，买点儿吃食、衣服。对生活费和吃食，三妮儿从来也没有客套过，来了就吃，吃了就走；

但对衣服，三妮儿常常跟说我妈：“大姨，衣服不用给我买新的，我穿涛哥（我）的就行，反正我不比他矮，再说别人也都说我没个闺女样。”听到这话，其实我们都明白，三妮儿不是没脸没皮来我们家蹭吃要喝的，她心里也许一笔一笔记得比谁都清楚。所以，她大学毕业参加工作后的第一个春节回来，硬要塞给我妈5000元。我妈死活不要，她就给我妈买了一件一千多块钱的羽绒服，让我妈直掉眼泪。

那时候，我听学校里的人说，三妮儿最苦的时候，吃馒头、蘸盐水儿，省下来十几块钱，给她弟买纯牛奶喝。后来，表弟知道真相，在我家里哭得一把鼻涕、一把泪，骂自己真是个混蛋，还是个傻瓜，怎么就信了三妮儿说的“那是她期中、期末考试的奖学金”。那天，表弟说：“这辈子，除了妈，不对谁好，也要对三姐好，哪怕上刀山，下火海，哪怕要自己的命。”一个只有15岁孩子说的“大话”，却怎么听着都不像大话。

后来，三妮儿考上了中国政法大学（虽然三妮儿的分能考更好的学校）。她一边上学，一边打工，供表弟上完高中。表弟大学时，三妮儿也没少接济他。因为那时，家里已没有经济来源了，三姨夫终于在瘫痪5年后去世了，三姨竟然也祸不单行地得了脑血栓，成了只能一条腿拖着另一条腿走路的人。穷家，负债累累，穷得只剩下一个再无劳动能力的病弱中年妇女和三个大学生。

表弟坚持要上军校，因为费用少，还不用担心将来没工作。

大表妹读完本科，没有继续读研，早早地参加了工作，支撑起家庭来。三妮儿本科毕业后也犹豫过是否要继续读研，但最终三妮儿还是咬着牙从硕士读到了博士，一边读书，一边兼职打工赚钱。三妮儿后来跟我说过，最多的时候，她干着6份家教。她自嘲地说：“比我妈种三个大棚轻松多了。”当然这是玩笑，我们不得不佩服三妮儿的远见和坚定“只有站到高处，才能看得更远”的气魄。

三妮儿果然成了这个家里最有出息、挣钱也最多的人。就在她结婚的前一年，她拿出她一半的钱，给表弟在他当兵的城市首付买了套房子，她担心将来没房表弟娶不上媳妇。

三妮儿也哭过，而也只有一次让我们看见，就是在今天她的婚礼上。三妮儿不是人们认为的铁石心肠，不是人们避之不及的“女阎王”，三妮儿也是个女孩儿，只是她用她一身的铠甲把自己的柔软包藏得最深。

三妮儿，30岁了才把自己嫁出去，不是她长得多难看，也不是她挑三拣四、眼光高，而是她把一切她能为家庭做到的都尽力做到之后，才安排自己。

婚礼散后，我们一家亲人打包婚宴上剩下的菜，服务员因为不停地拿塑料袋，拿到不耐烦，还白了我们眼。但我们“骄傲”地穷过，所以才这么“斤斤计较”。不丢人！

三妮儿换下婚纱穿了便装出来，红着眼圈偷偷跟我妈说了句：“大姨，我嫁得离家近点儿，就是想着能多照顾我妈点儿，也不让我姐和我弟多操心，我姐生性软弱，怕做不了主，我弟当兵不自由。当然，我也不会忘了你的，大姨，以后家里有什么事，就开口，一咱不受气，二咱要好好地把日子过富……”

说得我妈一脸的眼泪，努力地冲三妮儿笑着说：“三妮儿大了，好三妮儿，你最有主意……”

世间不是天堂，谁也别总想自己一直幸运。来路也许不易，命运或许不公，人生漫漫，道阻且长，但愿你不因贫贱、不幸而自卑，更不懦弱、抱怨，没出息地自轻、自贱，愧不如人。能在艰难处依然倔强，明白既然生而存在，那就勇敢地活着，骄傲地前行。心若坚定，无可阻挡。

愿你踏着荆棘，不只是觉得痛苦，而是矢志求变；愿你委屈艰难，不是怨天尤人，有泪可挥，但不觉得悲凉，倔强努力地做自己；世间实苦，但请你勇敢前行，除却一身的困顿，成就非凡的自己！

不弃不离，爱到最后一站

她是父母相爱、计划孕育、十月怀胎的结晶，她的出生为一家人带来欢喜，成了爸妈眼中的漂亮女儿、爷爷奶奶心上可疼的小宝贝。但当别人家同样大的孩子会爬的时候她不会，别人家的孩子会走路的时候，她连站都站不起来……于是她成了一家人的恐慌、担忧与负累。

两年之内，她爸妈跑遍全国几十家知名医院，找朋友、托关系，晚上带着被子在楼道里排队见了近百个专家，甚至迷信地四处打听了诸多“江湖神医”，淘换五花八门的偏方，最终却只换来“她将是一个永远无法站起来的孩子，并且生命不会太长”的无情结论。无奈，她必须靠以身试药，靠着还在试验中的药物维持生命。

渐渐的，教书的爸爸下了课后就推着三轮车去街边摆麻辣烫小吃摊，被城管追、被街头混混欺侮、被领导唾弃他拜金势利、被学生家长甚至自己的学生白眼；做会计的妈妈做了朋友介绍的五家小企业的兼职会计，被同事奚落、不屑：“真是挣钱不要命了”；五十多岁的奶奶每天做三个家庭的小时工，而六十多岁体弱多病的爷爷在家寸步不离地照顾她的吃喝拉撒。

渐渐的，家里的大房子变成了小房子、小房子又变成了现在的廉租房……一家人辛苦艰难的付出，只为一心能找到一把打开希望的钥匙。

如今她13岁了，如果别人不介绍，没人知道这个每天穿得干干净净、漂漂亮亮、一脸微笑的小姑娘是一个病孩子。

她阳光乐观、积极上进，她坚持上正常的学校，而不去特教学校。她是班里唯一一个、学校里唯一一个坐在轮椅上听课的孩子，她是我儿子的同学。每天放学接孩子的时候，都能看到这个坐在轮椅上被爸爸从学校里推出来的孩子。她脸上没有丝毫的悲伤、忧郁，只有一脸的阳光，跟门卫的保安打招呼，跟同学们说再见。她最喜欢穿红色的衣服，一年四季，她都像是一朵红红的、娇艳盛开的花，或者像这平凡世界里的一团火，闪耀着温暖火热的光芒。

她在班里学习成绩优异，英语流利，语文最棒，她代表学校去省里演讲，还拿回一等奖，成为一个小明星了。

看来，我们无须教这个孩子勇敢，因为她已经历病痛、万难，以及与死神面对的煎熬。我们也无须教她的爸爸、妈妈、爷爷、奶奶如何计算从始至后的心血与金钱，因为他们从来也没计算过，也无须计算。

爱是用来干什么的？爱就是当你幸运时，用来享用的快乐幸福的温度；不幸时，无条件、毫不犹豫地坚定承担。

不幸的从来只是生活，幸运的是还有爱在。这世间还有太多太多人跟这小女孩的愿望一样：能够好好地活着，哪怕艰难；而爱她的人从来不退缩。

03

一身担当，虽败犹荣，不认怂

这天在街上非常意外地遇到了大春，虽然平时偶尔也在同学群里聊两句，但自上次同学聚会后至今已有五年之久。那时候，大春还在北京做着一份较为体面的工作：一个广告公司的设计，每月收入有七八千元，他媳妇在一家会计公司做会计，工作不那么紧张，也比较方便照顾孩子。他们在北京买不起房，手里存着的那点儿钱，让心里老是发慌，因为它总是在一天天地贬值。所以，像大多数有点儿固定收入的“北漂”一样，退而求其次，大春在河北燕郊按揭贷款买了一套六七十平方米的小两居，也算是有房的人。这是比较安慰的说法，更为自嘲的一种说法是“终于心甘情愿，并且光荣地当上了房奴”。

“买来的房子不是用来住的”，这是大多数“北漂”的无奈与自嘲，因为不可能每天把两三个小时都浪费在路上。那时候的大春两口子，在大兴黄村地铁站附近租了个五十多平方米的公寓楼，月租金900元，虽然每天都披星戴月像奔命似的挤地铁，但好在有这么一个维持吃喝拉撒的小窝，生存、生活也算是稳定。那时候的大春还心怀理想，河北燕郊的房子算是自己理想的底金和筹码，自己努力工作，省吃俭用，再攒几年甚至若干年，在北京的三环或者四环换一套小两居，把自己混成堂堂的北京人。

那次同学聚会，大春喝多了也就原形毕露了，搂着我脖子吐了一肚子的苦水，工作压力，老板有多凶，多么不近人情，还房贷，交房租，三天两头的像老鼠一样搬家，循环性地吃青菜萝卜，吃到想吐，穿假名牌被鄙视。其实这些他都能忍，因为有相当一部分人都是这样的。但唯一不能忍的是，添儿子那年，母亲背着大包小包的吃食、衣服、棉被来到大春租住的公寓楼，推开门，一下子就傻了，眼圈一下子红了，潜台词是：“你在北京混的，就住这么个地方呀。”

大春也觉得羞愧，吞吞吐吐地解释，说过几年就会买上像样的房子，但母亲眼里满是怀疑和担心。而现在，母亲的怀疑和担心百分之百地应验了。大春的美好理想至今都没能实现。房价涨得他一天天的失去信心，最后绝望。

我拉大春去喝酒，说找个像样点儿的饭店，再喊上几个同学。大春生生地拦住了，说：“就咱俩，找个小吃店喝两杯就行了。”看着大春的坚决，我没再执意张罗。

我问大春，这不年不节的怎么突然回来了。大春沉默了片刻，说：“回来了，就不打算走了。”我一脸的疑惑，大春苦着一张脸说：“在北京混不下去了。”

热菜还没有上来，我们就着一盘花生米，酒已经喝了半瓶。大春像讲故事一样讲了他这几年的种种经历，全是一个主题：真不易。

大春这次回来是打前站，先打听一下老家的房价，买个房子，再给孩子找个学校。这两样办清了，他就让媳妇回来，照看孩子上学。自己继续在北京挺一下，实在挺不下去了，也跟着回来。

这几天，他一直在转楼盘，看二手房，看得不停地瞪眼、唏嘘，没想到老家的房价也涨得这么凶了，完全超出了他的想象。

大春河北燕郊的房子已联系了中介，卖。他以为卖了燕郊的房子，回老家买一套房子还会有一大部分的盈余，然后看看有什么合适的项目或小买卖，让媳妇先干着，时间自由点儿，也方便照顾孩子。如果创业顺利，自己也就不在北京死扛了。结果，大春回来一看，心里凉了半截儿。

老家也不如他想象的那么好干，做个事，没个百八十万也只能是纸上谈兵。大春甚至开玩笑地说："实在不行，去街上炸油条，卖豆腐脑。"这玩笑怎么开都不像玩笑，有一股子悲凉的味道。

说完了事业、世道，说生活。大春说："这么活着真没劲，以前两口子年轻点儿，对生活和未来还抱有希望，不管多累多苦，心里还有个念想、盼头，两个人也互相理解，共同支撑，相互安慰。现在，念头和想法基本都死了，两个人的心也死了，两口子除了计较米面油菜的贵贱、鸡毛蒜皮的家务、孩子的教育成长，基本没别的话可说。就是有，也都是谁在外面气不顺了，回家来发泄争吵，翻旧账，互相埋怨，整个生活就是一个鸡飞狗跳，白云苍狗……"

大春说："真是折腾不动了。年轻的时候还以为世界这么大，自己这么努力，终会有艳阳高照的一天。而现在，人到中年，一事无成，每天都在挣扎，维持基本的生存。心里没气儿了，身上也没劲儿了。唯一的奢求是一家老小都能有个较为稳定妥帖的生活，再不存什么非分之想，也不敢再有半点儿赌博、胡来的心思了。”

很多人认为这是怂，这是中年人的堕落，没本事、没能耐、没魅力的人才会这么说。但这对于大春来说确实是一个不再允许试错的年纪，也是成年人身上的责任。

年轻时，谁没嘲笑鄙视过这种想法，只是现在换成嘲笑自己，或者自我解脱。年轻时，谁不会说“不爽的工作，我就不干了，也不伺候了，什么狗屁混蛋逻辑，都给我滚蛋。我就是要活个潇洒，活个自由。没有什么比爽更重要”。但是也只是过过嘴瘾而已，当真的都被嘲笑成了傻瓜。

世界如此，现实就是这样，光活着就已经诸般艰难，那些非分之想不过是你被打击之后的“撒气”。成长的过程，是一个慢慢学会妥协的过程，也是一个慢慢习惯不堪的过程。

别说那些名人，成功人士，草根神话，人生奇迹，他是他，他们是他们。况且，那些和“天上掉馅饼”“彩票中500万元的概率”等同，甚至更渺茫。你只是你，你的幻想终究是一个泡沫。

人到中年，你的责任心就是你养家糊口的能力，甚至是你赚钱的能力。你过得好，有人为你喝彩，攀附交往；你过得不好，没人给你救济，没商量的你会被边缘化。

你已不是幼儿园里得到小红花就能骄傲半天的孩童，也不是可以拿着优秀的成绩单炫耀自负的学生。你人生的成绩单变成非常现实量化的车子、房子、票子。尽管这些，你曾经不屑过，也自信满满地认为这一切都不是问题。但今天，它却现现实实地摆在你面前，它是个问题，并且有时候不只是个问题那么简单。

你曾经引以为骄傲的东西，现在变得已不再重要，重要的是，你拿那些换来了什么，才华、能力只是你手中仅有的牌，你打出去了，不一定就能为你赢回来什么。你可以抱有幻想，但你也更需要勇气去承受结果。现实就是现实，只用结果说话，没人给你解释的机会，也没人愿意听你那些没用的理由。

你必须学会面对，也学会接受，在现实的丛林里保持穿越困境、艰难求生、孤军奋战的能力，流着血，忍痛前行，擦干泪，义无反顾。不认怂，起码，对得起你身上那份承担。

04

做你一生的“真心英雄”，不离开

大超给我打电话，邀我喝酒，因为我有事安排不开，结果当晚九点多，大超给我打电话，我俩就用手机聊了一个多小时。

大超把车停进车库，在车里待了三个多小时，一直待着，没开收音电台，也没播放CD音乐，没看微信，没抽烟，也没喝酒，就那么一直待着。

大超说：“待了这3个小时，我才觉得我是我自个儿。”

我玩笑地骂他：“你小子犯什么神经了。”

大超在一家收益还算可观的公司做经理，年薪不菲，在市区有两套房子，一套一百多平方米的自住，一套是给父母买的八十多平方米的养老房。老婆在一个活不累、事不多的单位做公务员，儿子学习还行，考进了重点高中。这应该是令许多人羡慕的日子了。

可是大超叹着气跟我说：“不知道这是怎么了，总觉得每天这么一个劲儿地瞎忙活，也不知究竟忙了个啥？就是每天回家到了楼下，却不想上楼回家。第二天，开车一上路，沿着那条既定的路线去挣养家费的那个地方，重复着和昨天一样的事情，处理一堆乱七八糟的各种咸淡事，想想就觉得无聊、没劲。然后再想想，明天还是这个样子，就更没劲了。”

我被大超说得有点儿懵，也有点儿感同身受的悲凉。但我还是努力地跟大超开玩笑：“你小子这是饱汉子不知饿汉子饥，站着说话不腰疼，你想想那些没车、没房、三天两头换工作的，还有辛辛苦苦当房奴的，你比他们不是强多了吗？我看你小子这是病了，得吃药。”

“嗯，我觉得我也挺犯贱的。”大超苦笑说，叹气声悠长。

其实，我知道大超想说的是什么，大超想说的是：这不是他真正想要的生活，他最终还是活成了让自己讨厌的样子。

大超现在做的是营销策划，而他曾经的理想是做一个优秀的商标设计师。大学时，大超还拿过一些不错的小奖。但是毕业走向社会后，面对残酷的职场，不得不一步步放弃了自己的坚持，因为他的坚持换不来面包，也换不来房子、车子，更包括换不来爱情与婚姻。

大超慢慢学会对这个世界服从，对领导服从、对规则服从，包括对世俗人情的服从，因为绝大多数人都是这么活的。于是大超懂得了妥协，懂得了放弃自我，拼尽全力让自己活得更实用一些。然后，大超就渐渐地有了房子，有了婚姻，有了跟大多数人一样的生活。

完成了从“向往生活”到“直面生活”，再到“陷入生活”的转型，一路披风沥雨、打怪升级，学会了暗中计算，也学会了当面装糊涂。成为一个“标准”优秀的男人，却也成为他最讨厌的自己。

大超是一个负责任的男人，他完成了几乎他所有的担当，可能有美中不足，也说不上无可挑剔，但是绝对算得上合格。所以，他很忙也很累。

有些男人累了一天之后不想回家，宁愿在外边跟一帮狐朋狗友喝大酒、吹大牛。当然，有些酒局是生存交易，有些是人情往来，但有些酒局也真的就只是喝酒。胡侃海聊，没有什么特别明显、直接的意图，就只是喝一场酒。但在酒精的催发和一帮人胡侃海聊之下，他能有一点点兴奋，这兴奋让他觉得放松，觉得世界又干净了。

也许有人会说，这就是男人的没出息，也是男人的无聊和幼稚。的确，从生物学的角度来说，男人是比女人更孩子气一点儿，他们简单直接、攻击性强。这一点男人们没法选择，他们能选择的只是把这种雄性激素发挥到什么水平。所以，男人有时候比女人讨厌，但有时候也比女人更可爱。当然，整天喝大酒，骂大街，不干正事的酒鬼、二流子男人，不在这可爱之列。

有太多人因为现实生存的逼迫忙成了狗，成了与时间赛跑、与世界顽尽全力相抵抗的人。他们不再年少气盛、玉树临风，但却挺立成了一道迎风沥雨的风景。虽然他们偶尔不喜欢这样的自己，但更多的时候，他们也只能是让自己的肩膀更结实一些。

大超说："特别怀念一身不羁、唱《真心英雄》的年纪。因为自己终于没活成心中向往的英雄。"

我笑怼大超："这世界，做一个称职的'狗熊'都不易。你已经够牛了。"

大超"哈哈"了一声，我也跟着"哈哈"了一声，最后我们一起哈哈大笑起来。

是的，我们终于都活成了"哈哈"的大多数。

但最后，我还是跟大超说了句不玩笑的话：“人生已不再少年，留得半生往前冲。”

大超爽朗地大笑、骂怼：“行，有空我请你小子喝酒。下次不许不来。”

05

谁不是一边心怀热望，一边负重前行

常常听到有人这样抱怨：我每天实在是太忙了，忙得脚不沾地，忙到脚打后脑勺，总感觉自己像个不停转动的轮子，似乎只有睡着的那一会儿才是自己的。

的确，现在的社会是一个追赶的社会，追赶似乎成为一种常态；这追赶里，有生活的必须，也有谋生的无奈；有习惯性的奔跑，也有停不了的攀比。没有人不想过得更好一点儿，而更好一点儿的标准具体成物化的目标，就是大房子、大车子，权位、财势。

在这样的路上，有多少人是幸福的呢？

有人说，单位的工作每天都是机械而劳累的循环重复，好像成了一生难解的捆绑；不是我不忠于这份工作，而是因为当初懵懂或务实的选择注定了如今的结局。直到若干年后才渐渐明白：如果一辈子干的不是自己喜欢的事，是有多么痛苦，多么无奈，更有多么悲哀。

都说“男怕入错行，女怕嫁错郎”。其实男女都一样，入错了行谁都痛苦无比，关键要命的是，这痛苦可能会持续一生，消耗掉你对人生、对生活所有的美好感应与向往。婚姻也一样。你最终只活成一个庸庸碌碌的人，一个相当拧巴、凡事总先悲观的人。

所以，如果你不喜欢你的工作，请在最短的时间内换掉，越早越好；如果你因为世俗眼光或者现时的利益而忍耐屈从，那只能是越陷越深。一个整天如此忙着的人是何等的痛苦，而相反，另一种状态的忙，又是如何的一番光景呢？

一个37岁的“北漂”，现在在北京有房有车，有固定的工作，还有不少兼职和社会活动；北京电视台著名主持人，某综艺节目当家主持，某文化传媒公司总裁，某某助学助残机构志愿者，一个9岁孩子的母亲。她每天要录超过三场的节目，每天往返家与单位至少两次，每天要在晚上6点前赶到家，为孩子辅导作业，做饭，照顾孩子，晚上9点跟躺在被窝里的女儿说“拜拜”，然后再赶赴单位录节目，常常是后半夜再返回家；第二天早上六点半准时准备早餐，收拾房间，送孩子上学，然后再赶往单位处理事务。这就是一个已颇具知名度的成功主持人的一天日程的常态。

按说，在北京有房有车，有名有钱，有家有爱，干吗还要像个陀螺一样那么拼呀，不累吗？

她接受采访时说：“累是有一点儿累的，但不觉得苦，因为我做的是我喜欢的事；忙也是忙一点儿的，又是工作又是家庭，但也说不上苦来，因为责任，对女儿的爱就是我的责任。爱可能使人辛苦，但不会使人痛苦。”

说得多好，去做你喜欢的事，才会永远怀有激情、动力，也才更能出成就，得财富；去爱你对他有责任的人，才能不怕忙、不怕累，也终会得到幸福。

06

每一座城市的深处，都亮着一盏爱的灯

今天早晨，我把家里的废书报清理了一下，拿去附近的一个废品收购站卖。以前来过这里几次，它在邻近铁路的一个废弃的工厂旁边，而收废品的一家人就住在废弃工厂的一间废车间里，然后从紧邻的小区引了一根临时的电线，就算有电了。水也是他们拎着桶去引电线的这个小区的物业处打来的，应该是每月向物业处交一定的电费、水钱。但一个小家就这样有了，有了水、电就能生活了。

总之，他们为了更省钱，场地更宽绰，更方便存放废品，选择了这么一块废弃之地。当然，生活上能将就便将就了。

然而今天，我去了之后，还是吓了一跳。废弃厂房都被拆得一间不剩。而这收废品的一家，在偌大的空地上用塑料布搭了一个屋子，其实称一个塑料棚子更确切。主人应该还算聪明，有技术，把几层塑料布加上钢管、支架之类的东西，竟然搭出了一间房子来。

更令人惊奇的是，它这房子竟还冒出袅袅的炊烟来。塑料房子的一侧伸出一根石棉瓦的烟囱来。我的天，这简直太神奇了！他应该点的是煤炉子，他胆子也真够大，他应该在烟囱的设置上

做了一些特别的处理，要不这极易引发火灾。

屋子里有两张简易床，有锅碗瓢勺，一对夫妇，还有一个10岁左右的孩子，应该在这里借读上学。这就成了一个小家。这竟然也能成为一个小家。

我不得不佩服他们的勇气，更感动于他们对于生活的坚持，不冷却、不放弃心中的热望。

他们是外地口音，不知什么机缘让他们穿越大半个中国，来到这里谋生。然而，他们的的确确就是在这里了。而在半个中国、整个中国又有多少这样的人呢？应该数不胜数，太多了。他们都是背井离乡，穿越大半个中国去奔波求生的。排除了高低贵贱、穷富之分，这样的人也许就更多了。

有点儿文化的，有点儿钱财、有点儿艺术、有点儿技术的，可能被称作一个文明词儿“北漂”；没文化、没技术，只能靠出卖苦力的，可能就是农民工了。穿越大半个中国，不管是往北还是往南，也都是一样的。

他们做着最累、最脏，赚钱最少的活儿，他们的要求也很低，有口饭吃，或者能让孩子上学，或者能为儿子在老家买一套房，娶上媳妇，或者能为老人看得起病。他们的汗，全流在了路上……他们很少笑，因为实在没有多少值得高兴一下的事……

那些送外卖的快递员，他们风里来，雨里去，只为准时、准点地为别人送去他们想吃的饭，而他们也不过是想在这偌大的城市里，谋一口饭吃……

他们有时可能会走投无路……他们每一个人，都是穿越了大半个中国……他们可能挣的是玩儿命的钱……其实有时候，他们自己也说不清楚，自己在坚持什么……他们一生都在奔波的路上……

我问这对夫妇，你们怎么不另寻个别处收废品。他们说："这里虽然拆了，但楼还没有盖，得明年春天了。我们还能在这里将就一阵子。过了年，就回家。"

他们的身后就是铁路，可能他们就是沿着这条铁路而来的，他们穿越大半个中国，在这里落脚谋生。也许他们天天都能看见回家的火车，而他们却必须每日奔波。谁又不是一样的呢？过年，回家！每一场奔波的终点都是家。不管你奔波了多远、多久，家却始终在心里。

不管你是这城市的主角还是来客，你都在这里忙忙碌碌着，有两肩的责任，有一心满满的希望。所以，每个负责任、有担当的人，都是这城市里的一盏灯，一盏爱的灯，努力亮着，照着眼前的路，也照着心中希望的未来……

你不勇敢，没人替你坚强

朋友家境一般，虽然称不上“贫二代”，但除了当初上学的费用是家里给拿的之外，后来就业、结婚，基本都是自己一人扛起来的。大学毕业后，和女朋友在一座二线城市扎根立足，从四处租房，到几乎咬断了牙根、榨干了骨头般地攒下一点儿钱，又最大限度地向银行举贷，借遍了亲朋好友，才勉强凑够了郊区的一套六十多平方米房子的首付，总算安下了家。

然后他们就过着节衣缩食的日子，5年没敢生孩子，双方老人急着催，到最后也没耐性催了。两个人每天上班加班加点，晚上还在网上做兼职，就是一心想着在定期如数还上银行贷款的同时，先把借亲朋的钱还上，小两居的房子没装修，只有一张床，厨房、卫生间里几样简单的家具。

他们想着等债务还得差不多了，条件好一点儿了再好好装修一下自己的家。有人嘲笑，这样的日子，简直活得不如“狗”。可是天下这样的房奴又有多少呢？可能是很多很多。

这时候，有人会站出来说，这个男的准是一个穷光蛋，无能之辈，爹穷，他也穷；这女的肯定也是一个傻瓜蛋，怎么选择跟这么一个男的，要么这女的准是一个“丑胖傻”。要不，绝对不会凑到一块儿去的。这男人的优点，可能也只是剩下肯干，能吃苦，忠厚老实了。这女的也是没更好的选择，才跟这么一男的结婚。

对，对，对。这男的确实是“爹穷儿穷”，只剩下能干、能吃苦了。错，错，错。这男的也是重点大学毕业的，长得也帅气干净。这女的，不是耀眼大美人，但也小家碧玉，清丽有加。

可能又有人要说了，“那人家肯定是为了伟大爱情”。爱情，这个词好像没多么重的重量了，谁没年轻过，谁没有过爱情。所谓“伟大”，只有两种概念：一是能做到生死相依的，二是能白发终老的。做不到这两点的，别谈什么伟大。

多少脆弱的爱情败给了凶猛的现实，出卖给了金钱的欲望，妥协于世俗的牢笼。如果你们是真的爱情，那你们到底能坚持多久？这问号，有时候会问得人头发疼，心发慌，没底气。

你们到底是两具年轻身体孤独的依赖，还是真会生死不离；你们到底是只为一份安逸光鲜的生活，还是会心性相通，默契相温一生；你们是现世安稳的一份生活，还是每天都吵闹得鸡飞狗跳……你们的生活幸福吗？你们有看得到的未来吗？

前文中的这对男女，过得是艰难的，他们的生活里也没了风花雪月，他们每天就是加班加班，挣钱挣钱，生活紧张疲累到窒息。渐渐地，他们脸上的笑容少了，彼此的话也越来越少了。

谁愿意整天只过苦哈哈的日子。只是说这些又有什么用呢？

你只有三种选择：一是你当初很傻，你后悔你年轻无知的冲动选择，唉声叹气地压抑着将就下去；二是你愤然、伤心地逃离，“去他的”，爱谁谁谁，我只不过想要一份轻松与自由。那得要看你有没有这个资本，更要看你有没有这个胆气和肚量；三是对得起你当初的选择，尊重你的决定，咬紧牙关肩扛着你的责任，别幻想一口吃成胖子，一步一个脚印，踏踏实实，努力打拼，用心经营。只要你的生活有温度，你的未来就有阳光。

你和谁在一起，才会有你的“光辉岁月”

最近，一位多年不见的朋友意外而突然地归乡，找到我们这些当年的小伙伴喝酒、聊天、叙旧。今天你做东，明天他做东，这位朋友每喝必醉，醉后就大吐苦水，说到气愤处，不禁指名道姓地骂，谈到伤心处，一个魁伍黑胖的七尺大汉，竟然也泪水涟涟……

其实问题的所指，就是一个人，就是一件事。那个人也是我们当年的小伙伴，而我们的这位朋友在毫无征兆和预料的情况下被那个小伙伴坑了。世间最激扬热血的事莫过于为兄弟两肋插刀；世间最暗黑也最悲催的事莫过于插兄弟两刀。

事情的大概脉络是，这位朋友当年与那位小伙伴合伙做生意，当时这位朋友家里有点儿小钱，但不满足于生活的现状，想要谋求更大的发展，却愁于没有路子；而那位小伙伴在外面跑了若干年，积累了一定的资源、路子，但却愁于手中没有足够的资金，也没有足够的能力和勇气承担心里没底的风险。事有凑巧，两人见了一次面，一拍即合，达成共识，激情豪迈地要一起干一番事业。

起初的一两年，也的确经历了万种艰难与辛苦，生意终于慢慢有所起色，渐入正轨。两人也算是风雨兼程、患难与共地闯江湖，一起打拼天下。吃喝不分，租房子、开车用车都不分，亲密无间得像亲兄弟。但就在几年后生意越做越大的时候，那位小伙伴突然提出要单干，按江湖的规矩和人生的欲望逻辑，这倒也无可厚非。但让朋友想不通的是，那位小伙伴提出的散伙条件有些分外不近人情的苛刻，先是说如果朋友能拿一笔数额很大的资金，可以算入股分红，但不能参与经营管理了，而这个资金额，朋友是明摆着拿不出来的。要不就一拍两散，各起炉灶。最终的结果，当然是不欢而散。而朋友天真地认为，不合伙做生意了，还能做兄弟吧，毕竟做着同一个行业，以后可以互相帮衬照应。但没想那小伙伴结结实实地“扇”了朋友一个大大的耳光。

朋友的客户一天比一天少，一个个都不愿意跟他合作了，一次意外的酒局，朋友得知，那些客户竟然都被那小伙伴以压价、塞红包等各种手段挖到他那边去了。朋友气不过，去找小伙伴讲理，却被各种托词拒见。朋友在一次醉酒的情况下把小伙伴办公场所的窗玻璃给砸了，而小伙伴竟示意保安将朋友拖扔到大街上，并警告他若再胡闹，就报警。警到底还是没报，算是给朋友留了个面子，但这面子，朋友却觉得分外恶心。

究竟什么才是真正的朋友，什么才算真正的兄弟。当然上面的这个，绝对是不算的了。

真正的朋友应该是，你们于年少无知时相识并相知。最重要的是要“三观”相同，没有利益条件建立的友情，才是最纯粹的友情。并且，这些纯粹的友情要能经历住时间和名利的考验。时间的考验，就是不管你们有多少年不见，还能时常想念，一旦见了，仍如当年；名利的考验，就是不管你过得好与不好，他还只当你是当年的那个你。他不会因你当了大官，发了大财，而对你趋之若骛地恭维、逢迎，甚至想着攀附利用，使自己能便捷地获得某些利益。他也不会因为你混得平庸、狼狈，而对你疏远不理，避之不及，甚至瞧不起。

他还是把你当兄。他给你喝的酒，从不分出三六九等；他请你吃的饭，是大、中、小饭店，而不是路边摊。他总是能拿出他能拿出的最好的来招待你，而不是奉行“没用的同学，算是什么同学”“用不上的哥们，算什么哥们”那一套。在当下功利、短视盛行的朋友圈下，他还能如初，视你如少年，自己也还是那个少年。这样的朋友，才是真正的朋友；这样的兄弟，也才是真正的兄弟。你风光了，他跟着你一起高兴；你落难了，他会倾其所有，帮你渡过难关。

兄弟友情是这样，其实爱情也是一个道理。以色相喜，以欲相交的男欢女爱，色失则情尽，欲疲则两散。唯有真心相悦，生死相依，才能恒其久远，不散不离。

所谓光辉岁月，不是我只与你有风花雪月，而是贫贱艰难、富贵荣耀都生死不离。岁老年深，都不相厌，一生都有爱的光辉。

当然，这样弥坚历久的感情，须是你们“三观”相同，情深刻骨，彼此都有担当。而不是媒妁之言的将就，门当户对的合适，更不是色金交易的各取所需。

日子贫贱，你们不灰心，不彼此挑嫌交恶，不失望指责；荣华富贵，你们能禁得起声色诱惑，彼此坦荡。

当然，更重要的是，你们各自人格独立，经济独立，而不是只为口腹、身体的单方面依赖、依附。

事业上你们各自有各自的追求；生活上你们秉承相同的目标，用心经营，共担风雨，也共享流年光华，依偎温暖，面对苍老。

所谓“遇一人白首，择一城终老”，是投入一生的感情与心血地相伴相守，而不是煎熬孤独，彼此伤害折磨，苦恼叹息的一生。

不问前生来世，只为这一世好好相爱

今天早上，坐公交车，听到前座的两位阿姨在小声地聊天，一下子被他们暖到了。

她们人到中年，没有了青春的靓丽鲜艳，衣着亦朴素简洁，得体大方。她们谈论的话题自然也朴实、平常，却透着真实而柔软的温暖。

一位阿姨问“你儿子现在做什么去了呀？”

“去当兵了。”

“在哪当兵呀？”

“太原。”

“噢，不远。离着家近。”

“嗯，坐火车也就四个小时车程。”

“那过年回来吗？”

“人家不让回来。”

“那你可以去看他呀！反正离着也不远。”

“嗯，想过。但一直没去。”

她们谈到这儿，有了一小阵的沉默，正是这一小阵的沉默，让我动容，自然地感应到这两位阿姨心里必定都在想念自己的儿子。

“当的什么兵呀？”

“武警。反正他自己喜欢的，挑的，在人家。喜欢就行了。”

“嗯，只要孩子喜欢就行。当兵也挺好，吃饭、穿衣都用不着花钱，哈哈。”

“嗯，是，不用再让人操心了。”

两位阿姨谈的，不是当兵要保家卫国的大理想，而只是这么平常的吃与穿。妈妈谈论孩子，能谈什么呢？可不就谈这些，从他呱呱坠地，到一点点长大，妈妈的眼里、心里，对孩子，就是那一点一滴的成长，有欢喜、有操劳，也会有烦恼、有担心、有生气，而一旦孩子有一天离开了，就全成了惦念。这份惦念成了她们对这个世界最长情的牵挂，也成了她们好好生活、辛苦努力的最大勇气。

妈妈可能没有那么伟大，但妈妈对孩子，一直拥有一身爱的光辉，那么博大，那么温暖。

“一个月给多少钱呀？”

“一个月给八百。就那么几百块钱，每个月还给我几百，他说自己吃穿都用不着花钱。”这位阿姨说这话的时候，口气里透着欣慰，也透着一份自然的骄傲。

的确，他的儿子很懂事。有一个懂事的儿子，让她如此幸福！

阿姨给了他生命，给了他年长日久的抚养教育，爱与操劳，疼与牵挂，从来都不计算，也不需要计算。而他的儿子给她一点儿回报，她就能得到极大的满足、欣慰、骄傲和幸福。

因为他们如此相爱，也注定相爱久长。

母与子，可不就是这样：母生儿，千滴血，母养儿，万日长，而只需儿念一心。

我们都是父母生育养成的儿女，我们也是为人儿女的父母。不管我们的社会角色如何，唯有我们的这个身份都一样，爱也一样。

不问什么前生来世，唯有这一世，让我们好好彼此拥有，也彼此好好相待，好好的，在彼此的全世界。

什么样的冬天也会变得幸福温暖！

10

你永远是我枕边最暖的那本书

在一个补习班的楼下，无意间听到两位接孩子的妈妈的对话。

A妈妈说：“你们家孩子学得怎么样？”

“还可以吧！”B妈妈说。

“哦，那还好。我们家孩子算是白学了，白给他花了这么多冤枉钱。下次我们就不来了。”A妈妈说。

“哦。”B妈妈轻声地应答了一下。

“你们孩子这次考试考了多少分？”A妈妈又问道。

这是两位妈妈之间极为平常的一段对话。

然而接下来的对话就极为不平常了。

“56分。”被问的B妈妈表情平静地答道。

“啊？56分！”A妈妈顿时是满脸的不可相信，极度怀疑、诧异以及不理解的表情。

我和这位妈妈的感觉是一样的，没想到居然有人对自己孩子这样的成绩如此淡定。跟那些大多数为此焦虑、上火、着急，甚至恼怒，对孩子不停责骂，甚至大打出手的家长真是迥然不同。

刚才提问的A妈妈除了惊讶之外，好像还有一点儿觉得自己问得有些唐突了，有些不好意思、谁愿意被问到自己的孩子学习差呢，所以她忙又找个借坡下驴的话：“你们学了多久了？”

“快两年了吧。”B妈妈说。这一下，让我们更惊讶了。

A妈妈又问：“一直这样吗？”

“嗯，差不多吧。”

A妈妈终于不好意思再问下去了，脸上的表情有些尴尬，更有些极不理解的扭曲，好像在说：“学了这么长时间，才考了56分呀！这不白学了吗？你还给他花这个冤枉钱干吗呀！这不是傻吗？”A妈妈用各种复杂的眼神不时地审视那位“奇怪”的B妈妈。

后来A妈妈好像又有点释然了，好像在说：“也难怪，人家有钱，不怕花这个钱，顶不济就当找人看孩子了呗，要不孩子肯定也是在家看电视，打游戏，玩手机。”

的确，那位B妈妈的穿着是有些不俗，不是那种暴发户的夸张、张扬，而是低调的奢华。有个词好像叫“轻奢”，应该就是这位B妈妈的样子了。最关键是这位妈妈眉宇间的气质，确是透着一种大气，坦然与淡定。

被质疑和不屑的这位B妈妈，好像猜出了那位A妈妈表情和眼神里的潜台词，或者也是为了说明一点“成绩不好的孩子并不代表就不是好孩子”。所以，终于开口说了几句。

“他是进步不明显，我心里也是有些焦急的。孩子的基础也不是太好，我们之前有些大意了。但是如果我们就这样不学了，任其发展，我想那结果可能会更糟糕。如果不让他学了，那给他的感觉，就是我先代替他认输了，对他也不抱希望了。他自己当然也不会再努力，爱怎么样就怎么样吧，甚至会庆幸终于不用再这么辛苦了。我觉着这种自暴自弃，比他学习差更危险。要是连咱也对他撒手了，那他还有什么指望呢？孩子一辈子还长呢，往长远里看，也不只学习这一件事。他学好学不好是一回事，他学不学是另外一回事，是态度的事。而在这一件事上的态度，会影响他以后对好多事的态度。我之所以这样，还跟他一起坚持下去，起码让他觉得至少我还没有放弃他，没有抛弃他。”

正是这位母亲最后的一句“不放弃、不抛弃”让我猛然醒悟，也对这位母亲肃然起敬！

这位母亲傻吗？在俗人的眼光里，这位母亲也许是有一点儿傻的，但是天下又有多少这样心甘情愿为儿女而傻，甚至傻了一辈子的父母呢？估计数也数不清。

自己吃多少苦，操了多少心，受了多少累，都为了儿女能够生活得更好一点儿，再好一点儿。

她们的傻，就算终没有如愿以偿得到想要的，但也绝对都是一份爱的功德，于他的儿女一生的影响必定也是极有用的。

我不禁为这位母亲点赞，值得点赞的不仅是这位母亲的坚持，还有她始终如一、从不更改地付出，这就是伟大的母爱。我想他的儿子即便考不上重点，上不了名校，将来也不会是一个无用之才。因为他有这样一位母亲，她虽然没有教给他多少文化知识，但是她所教给孩子的，却是一生有用的能力。

幼儿园、小学、初中、高中、大学，孩子手里的书多不胜数。学海千篇文，人生万卷书，而父母才是最好的那一本，也是孩子世间最暖的书。

所以，你不要一味地只顾苛责孩子，首先你要把自己变得强大、富有、坚定、有担当、有远见，孩子才能从你那里学到面对世界和面对人生的知识财富与能力。

他学习好，你要表扬；他学习不好，你要鼓励，帮助他想办法，跟他一起面对，而不只是单方面地强压和指责。你的底线就是：对他不抛弃，不放弃。这一点要切记，不管是学习，还是其他事。如果连你都对他抛弃、放弃了，你还能指望谁对他这么好呢？

你不要打他，你打他，他会认为打就是解决问题的方式，他也会服从于打，在外面忍气吞声地受气，或者同样也用打去解决问题，去打别人。没有哪个名人、成功的人是靠打出来的。

你不要用责骂去逼迫他，去抱怨他不争气、不努力，让他以为这世界连你都不爱他。你要教给孩子的，不是要他以畏惧、失望和抱怨与世界相抵抗、逃避、偷懒、认输，而是给他不放弃、不抛弃的信念与温暖、坚挺和勇气与世界相对决。他终有一天会慢慢长大，深懂你的殷切、辛劳与苦心，也懂得爱与坚强。有正确的态度面对人生，长成一个合格的男子汉或好女儿，还你一身骄傲的光辉！

每一个女儿，都是一个公主

朵朵上幼儿园大班，漂亮、聪明、可爱，每天穿得干干净净的，一点儿都不马虎，小脸洗得白白嫩嫩的，满眼里都是明亮的光。

她怎么可以这么可爱，她就是这么可爱，是一个小仙女，一个小公主，米严的小公主。

米严33岁时有的这个女儿。他大学毕业，工作勤恳，首付买房，买了车子，一个小家就算在这座城市安了下来。

城市浩大，世俗茫茫，米严混得不算风光，比不了马云、马化腾、王石、刘强东，但米严也是一个努力奋发的青年，拼尽青春闯世界，夙兴夜寐搏生活。

得到一些，也失去一些。失去的终是要失去，不去惘然计较，得到的都来之不易，弥足珍贵。只是在这所有的珍贵当中，没有一个是比过朵朵的。朵朵是他的生命中最宝贵的宝贝，不可替代，拿整个世界都不肯换。

因为朵朵所带来的，不只是一个世界，她比一个世界更丰富，比一个世界更精彩，比一个世界更华美。她就像米严世界里明亮的太阳，温暖而耀眼。就算世路再艰险，奔波再劳苦，米严都有足够的勇气抵抗、承担。

因为他要朵朵的世界更美，也更幸福。她的幸福，即是他的幸福。

朵朵，独一无二，萌宠精灵，是他生活的开心果，是他未来的启明星，是他漫漫征途的长明灯。

米严已做好所有的准备，唯有余生好好努力，让自己的世界足够温暖，也让当下的生活从容有度，让未来满是梦想的阳光，而朵朵无疑是那梦想当中最亮眼的彩虹。

也许，你也有这样一个“朵朵”，或者没有，但你有一个同样可爱的“小王子”，他跟米严的朵朵一样，对你无比重要。

或者，这些都还在寻你的路上，但你有相亲相惜的伴侣，有为你负重前行的父母，有你一心的追求和梦想，有你一身的胆识和勇气，万丈光芒的青春。一切都是最好的安排，你只剩下认真努力即可。

所以，趁你还不那么老，在这座深如海洋的城市里，愿你没有那么多世俗无奈的生离，也没有意外过早的死别。愿老人都健康，孩子都聪明、开心，你满心坚强，也披一身的阳光。

趁你还不那么老，好好爱你爱的人，好好爱你的生活，爱你的工作，爱你的理想，爱你的追求，爱你的每一天，不负这时光！

做你的老爸，是此生最幸福的事

时间在慢慢流逝，你在慢慢长大。

你在幼儿园得了小红花回家炫耀，你在外面受了委屈回家哭花了脸，撕本子、揉裙子。爸爸跑过五条街，给你买回你一直想要而舍不得买的礼物，你又开心地笑了。

你永远是爸爸最可爱的女儿，爸爸也永远想做你最好的爸爸。爸爸一生平凡，可是爸爸一生的不凡是因为有了你。

时间在慢慢流逝，爸爸在慢慢变老。

因为你在幸福慢慢地长大，所以时光就都是幸福的，爸爸也是幸福的。你长得更高了，更漂亮了，更喜欢穿漂亮的衣服了，你开始偷偷地染指甲、用化妆品。爸爸有点儿生气，想推门进去教训你，但手放到门把手上，又放了下来。女儿大了，由她去吧。

爸爸希望你长大，又担心你长大；后来爸爸想明白，爸爸不是担心你长大，而是担心你被外面的世界伤害。

时间在慢慢流逝，你在慢慢长大。

长大到离爸爸越来越远，你去住宿学校，你由每天回家变成每周回家，到最后变成每月回家，再到一张车票带你到千里之外，每个暑假回家，过年回家。

爸爸一生最拿手的几道菜不知做给谁吃，因为那几道菜只有你最喜欢。

时间在慢慢流逝，爸爸在慢慢变老。

越老好像变得越啰唆，爸爸每次送你到车站，一脸笑容地送你上车，嘱咐你这，嘱咐你那，一千万个不放心。

你嘻嘻哈哈，催我赶紧回去。我知道，女儿大了，要有自己的生活。外面的世界好大，爸爸不能那么自私，爸爸能给你的，不过是一个小家。

爸爸每次送你，笑脸从车站出来，转身又总是一下子神情黯然，总像心里失去了什么，摇头苦笑自己一把年纪竟然这么婆婆妈妈，但眼睛还是不由得湿了。

时间在慢慢流逝，你在慢慢长大。

选择你喜欢的人，选择去过你喜欢的生活。你选择的那个人，是你的选择，只要你喜欢，你愿意就好。

爸爸只有相信和支持的理由，没有评判的资本。好与不好，都是你的选择。但爸爸希望好，好一辈子。

爸爸陪不了你一辈子，但爸爸希望你一辈子都好好的。将来的日子，如果好，爸爸为你欢喜，安心踏实；如果不好，记得爸爸这儿永远是你的家。但爸爸不希望那个结果出现。

时间在慢慢流逝，你终于长大。

终于有一天又多了一个人疼你。爸爸很满足，爸爸又好像很失落，但爸爸希望你得到天下最甜蜜、最长久的幸福。

你终于要出嫁了，爸爸祝福你。但爸爸又担心你，爸爸是过来人，柴米油盐酱醋茶才是人生百味，生活琐碎，人生艰难，将来你都要一一面对。

爸爸希望你是一个坚强的人，勇敢的人；爸爸也相信自己女儿的能力，但爸爸还是偏心，希望这个世界对你好一点儿，希望生活对你好一点儿。

时间在慢慢流逝，你有一天终要长大。

爸爸也在慢慢变老，老得只剩下关于你的那些可爱记忆。时光在爸爸的驼背上落脚，在爸爸的白发上打盹儿。爸爸在不热闹的时光里，常常看见你还是那个嘻嘻哈哈的小丫头。此生，你是爸爸最好的女儿，爸爸也会努力做最好的爸爸。

爸爸可能做过坏事，爸爸凶过你，倔强得不讲道理，可爸爸从来没有想过一次伤害你。原谅爸爸，爸爸总是很笨，爸爸总想更好地爱你和保护你，但总想得不那么周全。

爸爸都记得，想起来了常常愧疚不安，但你还是回家大声地叫我“爸爸”，一生复何求，没有比这一句更熨帖，也让爸爸更骄傲。

你永远都是爸爸最好的女儿

常常想起，小时候你拿了片叶子问：“这是什么？”爸爸说：“这是树叶子呀。”你说：“不对，这是给爸爸扇风的小扇子。”哈哈哈，哈哈哈！爸爸笑出了眼泪……

你永远都是爸爸最宝贝的女儿。

愿你勇敢，一生为爱不低头

儿子9岁，健康聪明，有趣可爱。小学三年级，拿回无数的奖状，贴满了他卧室的墙。他白天活泼，像个混世魔王；他晚上安静，睡着了，像个天使。

这就是他了，我们夫妻世界的全部。天下的父母，总是替孩子想得远一点儿更远一点儿。我也写下对他的希望与祝福。

亲爱的小孩，漂亮的小孩。

你注定来到我的世界，便成了我此生最深的至爱！这一点，将从不改变。不管我年轻，还是将来苍老，都不会有丝毫改变。也无论世界如何改变，命运又有如何风雨，你之于我的一切，都不会改变。

你为我带来生命中最幸福的快乐，不只是因为你这么可爱，更因为你是我在这世界里最难得的唯一。这唯一，让我能卸下人生的劳累，释然所有的辛苦；也让我原谅这不完美世界的复杂，现实的残酷，世俗的薄凉。也更让我有勇气、有耐力去面对哪怕更多的人生风雨，尽管更辛苦且必须努力。

亲爱的小孩，聪明的小孩。

你的世界那么简单，简单到有爱、有快乐就可以，而这也是我唯一最想给你的。尽管我要为这唯一去面对更多、付出更多、承受更多，但我从未想过要放弃。因为你让我保留生命中最柔软的感觉，我必定会为保持这柔软变得更加顽强，顽强到可以什么都不怕。

这世界就是这么奇怪，往往最柔软的东西却让自己变得更坚强。

亲爱的小孩，可爱的小孩。

你终会有一天长大到觉得世界越来越大，心也越来越大，梦想越来越大，你想去看看更远、更大的世界。那世界有你想要的，也有更多需要你去面对的，一些需要你接受，一些需要你改变。

你是我们的唯一，但你不只属于我们。你会为理想扬帆起航，去走一走五湖四海；为了心中的追求、执着甚至爱情，可能会远涉重洋。而我的世界终会越来越小，小到只剩下爱你这一件事。

岁月静好，守着苍老，看你的世界繁花盛开，一身耀眼的光芒，也牵挂你的春夏秋冬，苦辣酸甜。

亲爱的小孩，我的小孩。

当你年幼时，我愿你幸福慢慢长大；当你长大后，我愿你快快长大，长大到你能勇敢面对这个世界，也越来越懂这个世界，有更好的能力驾驭这个世界。我愿你能勇对现实的艰难，也能坦然面对世界的不完美，然后好好地懂得真情、实意于生命、于人生的宝贵。好好地爱你值得爱的人，做你更喜欢、更能实现你人生价值的事。做最好的你自己。

亲爱的小孩，我是如此爱你。

我希望你能从这爱里懂得如何好好爱自己，也努力爱别人。一生坚强、勇敢，一生为爱不低头。

世界很大，爸爸很忙

这是一个孤独的孩子写的日记的大概内容，让我们这些大人不禁看到落泪。

爸爸，总是一直忙碌的那个身影。

每天，我坐在客厅的沙发前摆弄那散乱一地的玩具，听到门声响了，便知道是爸爸回来了。爸爸开门的声音与妈妈迥然不同，虽然都是一样的门，一样的钥匙，但爸爸开门的声音我一下子就能分辨出来。

爸爸进门，脸色常常是沉重、沉默的，像是满身都披着疲惫；有时，也醉酒回来，脸色热红，浓浓的酒气扑面而来。每当这时，他会径直向我走来，用力地抱起我，弄得我厌弃躲闪，但他究竟是不肯放开我，紧紧地抱住我，眼里吐出火来，好像要把我和他融为一体。

起初，我极讨厌爸爸喝醉酒的样子，我常常想：如果爸爸不喝酒这样对我，该有多好！

可是，爸爸不醉酒时，又常常沉默，很少说话，回到家都是机械、规律地洗漱、倒头睡觉；或者钻进书房，一直到深夜，因为灯一直亮到深夜，我若半夜起来尿尿，常常发现是如此。

家里的房子不大，80平方米，竟然也隔出一个三居室，爸爸的书房最小，小到只能容下他和他的一张书桌，挨挨挤挤的，空间逼仄的很。

爸爸的工资不多，却每天忙碌，从早到晚；脸上很少有笑容，可能是他忙得顾不上笑吧，我这么猜想的。后来我渐渐懂得，爸爸是因为压力，所以他没有心情笑。爸爸和妈妈吵架的内容有一多半是因为花钱和还钱，花钱总是反反复复地计较，因为挣得不多；还钱是因为我们当成小家的这座房子似乎还不完全属于我们，每月定期要向银行还款。

爸爸也有偶尔高兴的时候，买回来玩具、图书或者肉品、零食给我，欢喜地送到我面前，我自然兴奋欢喜。我最喜欢这时候的爸爸，喜欢他胜过他买给我的那些东西。

后来，我偷偷发现，每次这样定是爸爸得了“意外之财”，而这意外之财不是什么大钱，而是爸爸大大小小的一张张绿色的单子，那单子上面写着爸爸的名字，还有钱的数目。等我长大一点儿，我知道那是稿费。

爸爸的书柜是一个铁皮柜子，上面部分有两扇玻璃门，里面的两层放着爸爸喜欢看的书，摆在最显要位置的是一本厚厚的《红楼梦》。我几乎看不懂，这是四大名著里我最不感兴趣的一本，而其他三本《西游记》《三国演义》《水浒传》，我都喜欢，常常看得津津有味。可是爸爸常常捧着《红楼梦》看，认真得像个小学生。有时我还看见他竟然拿它当枕头睡觉。

书柜的下面部分是铁门，上着锁，打不开，我很好奇里面装着什么，我甚至猜想里面有很多好玩的，或者有好吃的零食也说不准。后来，我终于发现爸爸藏钥匙的所在，偷偷打开，可里面的东西让我大失所望。

柜子里面也有两层，一层放着许多证件，有的有照片，有的没有，有一张是爸爸和妈妈的合影，他们不苟言笑，很严肃的样子；还有一张竟然有我的名字，写着出生日期、体重、某某医院，以及我的出生证；另一层有很多红色的本本，每一张都写着爸爸的名字，盖着醒目的红印章；还有一大堆厚厚薄薄的书，看目录，每一本也都有爸爸的名字，原来都是爸爸写的。

我翻开几篇，基本都看不懂。而我也惊喜地发现，每当这堆书里增加了新的，不久之后，爸爸便有写着钱数的单子来，我也便会获得玩具、图书、美食。我很庆幸自己发现了爸爸的这个秘密，这是一个幸福的秘密。

我希望爸爸的书柜里写着他名字的书越来越多，越来越多才更好。

但对这一切，妈妈从来都是毫不在意，从不关心，也不过问的。她也很忙，忙着每天上课，早出晚归，做饭、吃饭从来也都非常简单、快速，然后就是睡觉，妈妈的觉好像从来都没睡够过。妈妈也很少笑，跟爸爸一样，都是因为忙吧。

我常常沮丧，他们为什么都那么忙。他们有时候会叹气说是为了我，有时争吵到很凶，也说都是为了我。于是我感觉自己像一个罪人，我很委屈。我想他们能好好地多爱我一点儿，当然不全是要好吃的零食、好看的衣服、好玩的玩具，如果可以交换，我愿少要一点儿，让他们多笑一点儿、不忙碌、不吵架……

爸爸每天负责送我上学，接我放学，因为爸爸好像不用那么早上班，也不用那么晚下班。但他看起来还是那么忙碌，匆匆地送我，放下我便骑着车风一样地走了，那背影很快消失在人潮车流中，我再也寻不到。

而我非常羡慕别的小朋友，他们的爸爸、妈妈，或者爷爷、奶奶会跟他们说再见，有的小一点儿的孩子还会被拥抱、被亲吻，我真的是好羡慕他们。

我甚至“邪恶”地想过，要是能做一天他们的孩子多好。但这个想法很快打消了，因为我不想爸爸、妈妈伤心，他们本来快乐就那么少。

爸爸总是这么忙。我希望爸爸不用这么忙，我希望爸爸也歇一歇，爸爸肯定很累的，人太累了就会老得快吧。我希望爸爸不要老得那么快。

我很乖，我懂得努力学习，考一个好成绩，因为好成绩会让爸爸高兴，我希望看到爸爸高兴。

我不乱花钱，因为我知道钱对爸爸很重要，所以，我不要求买奢侈的名牌，吃昂贵的蛋糕……也不和小朋友们攀比什么。

我只希望，爸爸可以多一点儿开心，因为爸爸笑的时候，我觉得他是天下最棒、最帅的爸爸，我也是天下最幸福的小孩。

我希望爸爸匆匆的背影，有一天会回转身来对着我，给我一个微笑。

不，最好是每一天！

15

一生一定要有一个女儿

二胎放开了，好多人家添丁入口，有的生了盼望已久的大胖小子，有的添了一直想要的可爱女儿。我们身边已有太多这样的例子。而我，还真是想要一个女儿，特别想。

那个最会讲故事的爸爸，一定是一个有女儿的爸爸。这个爸爸可能很粗心，但唯一能在女儿面前心细如发，极具耐心。这个爸爸可能很冷峻，却唯一能在女儿面前萌如孩童，温柔有加。

因为那个女儿，必定是他此生最幸福的果实，也是最宝贵的宝贝。他希望她一生可爱，也一生幸福，自己愿做所有的努力，只为她不受委屈、伤害。她落泪，他会揪心；她烦忧，他会皱眉。只愿她一生不那么辛苦，也能如意幸福。

她可能长得不是最美，但绝对永远可爱。爸爸的女儿，没有一个是丑的。

她有天真的梦想，也有任性的贪心，她有骄傲的倔强，也有惹人心疼的脆弱可怜，唯一没有使人冷心的厌倦。

你的世界不幸福，她就是最后那个快乐的音符，一直响在你茫然疲惫的世界，她慢慢长大，陪你慢慢变老。她是上帝派到你世界的天使，这毫无疑问。

她对一切美好可爱的事物都用心亲近，也用心爱护，努力追逐；而那个不太爱说话的爸爸，永远在她身后，坚强着庞大的身躯，等她累了，抱一抱她，等她伤了，任她扑进胸怀。

外面的世界，总是那么精彩，她一直渴望被世界幸福地相拥。直到最后，她流着泪明白，最幸福的还是爸爸牵过她的那双大手，宽厚的肩膀，还有温暖的拥抱。

她会有一个家，会有那么多的人生清单，这清单不断地变换，唯有爸爸一直固留在某个位置，无可替代，伴她流年，随她一生。

只怕他再不能拥着她，讲一个很久很久以前的故事。

一个有女儿的爸爸，注定是幸福无比的。因为女儿身上的美与可爱，抵消了太多他对这个世界的失望，也给了他太多的希望。那希望就是：希望她一生美好，一生都好好的，幸福久久。

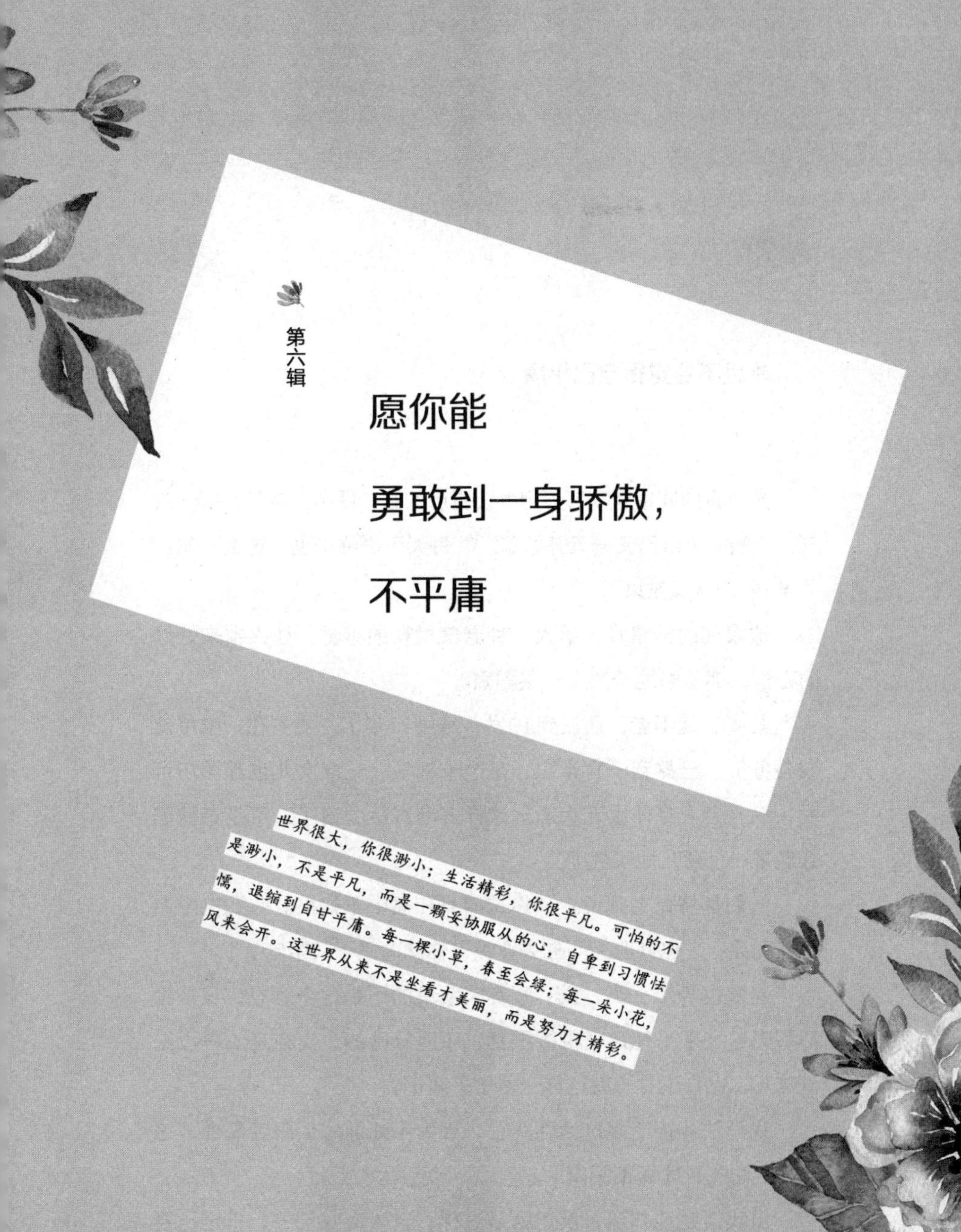

第六辑

愿你能勇敢到一身骄傲，不平庸

世界很大，你很渺小；生活精彩，你很平凡。可怕的不是渺小，不是平凡，而是一颗妥协服从的心，自卑到习惯怯懦，退缩到自甘平庸。每一棵小草，春至会绿；每一朵小花，风来会开。这世界从来不是坐看才美丽，而是努力才精彩。

01

永远不要觉得自己平庸

坐对桌的同事老魏每天到办公室后的第一件事，就是要叹一口气：“唉……自己又一天开始了。”每天下班临走也是这么一句：“唉……一天又结束了。”

这叹气的情绪真是给人一种老气横秋的感觉，让人本来好好的心情，都无端地给蒙上一层雾霾。

其实老魏不老，还没到40岁，结婚11年了，丈夫在一家单位做公务员，已熬到一官半职，是个小领导。一双女儿也都乖巧可爱，双方老人身体也无大恙。这样美满富足的日子，可是老魏怎么老是一个劲儿地叹气呢？

人们都挤兑老魏说：“你这叫身在福中不知福。”我也跟老魏开玩笑：“也许明天叫你去要饭，你就高兴了。哈哈。”

老魏也哈哈一笑，说：“其实我说的不是这个意思，我是觉得每天这么平平凡凡，机械重复，庸庸碌碌的，实在是活得没滋没味儿。也真不甘心就这样一辈子平庸下去。”

我没法儿接老魏这话茬儿了，因为不知道怎么跟老魏说“怎么个活法儿，才算不平庸”。

但我清楚地知道，反正就是这样，老唉声叹气的，肯定是要平庸下去了，甚至比不知道自己平庸更难受。

后来，我说："老魏，要不你自己找点儿喜欢的事做呗，不要贪大，不要图挣钱快，就当一乐儿，成了就成了，不成就当试试运气。平庸不平庸放到一边，先把自己想做的一些事儿，做起来。"

老魏好像有点儿理解了。结果后来的日子，老魏一天比一天忙，忙到连饭也顾不上吃，忙到每天不停地发货、转账、收账、出单。而这段时间，从前到后，不过两年。

老魏从平时的网购中得到启发，做起了她喜欢的微商，并且赚了不少，客户激增。老魏激情满满，付出辛苦，也很幸运。她彻底打了一个翻身仗，不再是一个纯家庭妇女。她的手机换了，首饰换了，包包换了，车子也换了，一身耀眼的光芒。

老魏不再唉声叹气了，想听也听不到，老魏只剩下了忙。而以前的老魏，真的不过是一个平常、平庸的家庭妇女。

老魏的不平庸，是她不再只动嘴，而是动脑、动手去认认真真地做一点儿事。而现实世界中，还有多少像老魏以前模样的人呢?

清晨在云端睁开眼睛，阳光在窗外铺满城市；风在树尖又打了一个转，又一天开始了。还是这么平凡的一天，或者忙碌的一天。

身边的人依然在，如他们往常的样子。猛然发现：能够攥在手里的幸福，好像就是安于现状。这些现状已经长进你的骨骼，织进你岁月"单曲循环"的纹路，你只是按着习惯步履平常。这习惯有时让你无味无觉，有时让你疲累烦躁，有时让你莫名孤独。

理想中的样子，似乎应该是这个样子，又好像不是。你多年前曾渴望的今天，又变成了你不甘平庸的“不安”。

诗与远方，一直是个诱人的字眼。说穿了，只是你不满意、不如意，总想着逃离。或者不过是想给自己一杯甜味的果汁，等你千辛万苦去喝过了，然后继续回来喝自己的白开水。

这世界，太多人活得越来越让人羡慕，他们有很多钱，有很多自由，有很多任性，他们以物化的标准在世俗的殿堂风光无限，得意扬扬。也有那么多人活得越来越紧张疲惫，忙碌得只剩下不停地追赶，期望“我再努力一下到什么程度，我大可不这么拼命，生活会有一份‘岁月静好，现世安稳’”，其实，仔细一想，都是天真，你自一开始就陷入攀比的圈套，你就会一直是它的奴仆，永远不得解脱。

你失去自由和快乐，它偶尔给你嘴里抹下一点儿甜食，那些甜食是你曾经万分仰望企及的“梦寐以求”，到头来你才发现，不过尔尔。因为你早已老到没有足够的兴奋去品尝它的甘味。

如是这样，倒不如从一开始就活得简单一点儿，该努力的总要去努力，但无须抵死计较的倒大可不必那么顽固地计较，保持一个自然的节奏，循序渐进，水到渠成，往往一个自由幸福的过程比一个瞬间快乐的结果更加珍贵。因为时间有限，生命有限，青春有限，人人都是越活越老。老是人生最大的情敌。

而胜利者的姿态是，在人生的每一个阶段都从容不迫，不为名累，不为利诱，不攀不羡，不妒不忌，不忧不惧，不叹不忧。我即是我，花开妖娆，花落葱茏，叶落也自有一番安静优雅……

今天永远都是最宝贵的一天，过好今天，也就过好一世。

亲爱的你，准备好了吗，今天请让自己幸福！做你喜欢的事，而不去比较世界，计算长短；不被张三、李四、王二麻子干扰。

所以，请动脑子去看世界，请迈开脚步去走你想要的人生，你就不会觉得平庸了。

你自己永远都是独一无二的，凡是能想到这一点的人，大多不是成了英雄，就是活成了神仙。

02

哪一个女子，不曾是天真少女

一说过妇女节，微信朋友圈就满满一大片晒“给钱的”，晒“买买买，花花花”的……

好像女人只能如此浅薄地过这个节，难道没有别的更高端的方式吗？答案是肯定的，没有比这更好、更实在，更让女人解气，也更爽快的方式了。

成年妇女的世界里，装下了太多让身心负重的东西，所以她们必须减压，才能更像个人、更像个女人一样地活着。她们减压的方式五花八门。

吃吃吃，一吃解千愁！

买买买，一买忘千忧！

事后后悔是事后的事，先让我痛快痛快吧，要不我疯了，后果更严重。

年龄越大，越感觉“妇女”这个词像牢牢贴在身上的膏药一样，揭都揭不掉。

那么，怎么才能揭掉它，实现华丽转身呢？

首先，请忘掉自己是个“妇女”。请穿比自己实际年龄稍小一点儿的衣服；请多读书，少看电视剧；不要把目光全集中在孩子身上，给自己留一点儿时间。

其次，不要完全为男人而活，女人要有自己独立的世界，也许你会更精彩。

愿你的天真，让你永远可爱；愿你不被世俗全部腌透，愿岁月改变的从来只是你的年龄，而不改你妩媚风光的颜色。愿你扛得起大包，打得过流氓，使唤得了老公，管教得了孩子。愿你厅堂亭亭独立，愿你厨房也能叫男人去忙一下。因为厨房不是专为女人准备的。

“妇女”二字用一生来写，咽下诸多苦辣辛酸；你只有永远不灭心中的那份天真，才是永远的“女王”。奋斗吧，女王，做自己的女神才光荣。

女孩，也许你太在意完美了。其实你真正需要的不是完美，而是勇敢。那些勇敢的女孩，大体都好命。所以，女孩你真的不需要太过追求完美这回事，因为世间本没有完美。所以，你不必迎合别人的眼光，更无须把自己搞得十分疲惫，紧张异常，过分敏感。

自信从来都是最好的底子，而学识和格调一直都是最好的美容。愿你勇敢，笑对这个世界，也愿你被这个世界温柔以待。

从年轻到苍老，都可以风光无限。

勇敢向前，你一定会不虚此生

世事如书，我们常常只是读得一知半解；人生如戏，你终有一天会明白，最难扮演的角色是你自己。

因为你一直对自己不那么满意，所以你才那么不懈地努力：努力在工作上有所建树，努力把日子过得更好，努力让自己和亲人更幸福。这些不仅仅是你自己想要的精彩，更多的是你肩上承担的责任。

表弟秋生，35岁之前一直过得很憋屈，结婚买不起房，买车需要贷款，他又不想“啃老”，因为“啃老”真的有点儿丢人。

秋生先是在北京跟一个老乡打工，四处揽一些装修的活儿。秋生起先只会抡大锤砸墙，一直砸，砸了三年。然后秋生学刷涂料，又刷了三年，然后再没有然后。他得结婚了，挣了没多少钱，回老家。老家的姑娘结婚也是要楼房的，家里虽盖有五间大瓦房，但丈母娘说：“爱谁要谁要，我们就是想让闺女在城里有楼房住。”

没办法，七凑八借，首付贷款，秋生欠了一屁股债。

秋生在老家想过安生的日子完全被打破了，尽管他在城里受够了辛苦，也受够了有权有势、有钱人的欺负与白眼，但他还是不得不硬着头皮再回北京里。

秋生还想去刷涂料，但工头告诉他，现在没人刷涂料了，都是刷漆，秋生又只好学刷漆。学了两年，出师，基本能够独当一面，也开始挣一点儿钱。然后刷漆刷久了，秋生总感觉身体不舒服。最后不得不放弃，因为还要生娃娃。

秋生又去学镶地砖，这一学，又是三年。但这次秋生好像找到了最合适自己的门路，秋生镶砖的水平在圈子里渐渐声名鹊起，好多人开始主动找他干活。

后来，秋生就自己单干了，还把媳妇带到了北京，媳妇给他打下手，因为这样挣的钱基本都归他们自己了。

秋生就这样慢慢变富了，不久儿子出生，女儿出生，秋生只好雇徒弟。有活儿干，有钱挣，有一双儿女，秋生干得越来越起劲儿，好像一下子找到了生活的方向。

现在的秋生不在北京了，因为家乡发展也很迅猛，楼盘一个又一个。秋生回到小城，自己开了装修公司，他去外面揽活儿、干活儿，媳妇守着门店，生意红红火火。一双儿女，健康可爱，聪明有加，考试也总是拿回奖状。

秋生自己成了老板，虽然不是什么大老板，但秋生过得风风火火、忙忙碌碌，那么有底气，也那么有朝气。

世事就是如此，你希望自己的能量能够得到最大限度发挥，能胜任一个更好的岗位；你希望有更多收入，你希望房子更大一些，你希望车子更好一点儿，你希望生活尽可能如愿完满；你希望孩子更优秀一些，你希望老人少受病痛的折磨。或者，到最终，这些你都不那么计较了，你只希望自己能多一点儿开心。这便是生活最实实在在的需要，也是追求。

人生，为需要而做的追求，从来都是可贵的，不是天真的幻想，也不是夸夸的空谈。有时候追求也许没有“齐家、治国、平天下”那么伟大，而是平凡岁月里的点滴积累和人生路上一足一步的进步，柴米日子的慢火久炖，才能收获温暖悠长的久香。

当然生活永远没有你想象的那么完美，人生也不是如你所愿的那么万般圆满。现实的无情和命运的无常，都需要你一一面对，让你经历风雨，遭遇伤害，背负无奈。

年少时，你曾盲目地乐观，也天真地幻想；长大后你发现，看清问题却找不到解决问题的办法，比盲目与幻想更可悲可叹。你一直想当一个英雄，到最后才发现那不过是一场江湖；而你在这现实的江湖之中，只是一个努力地划桨者。这就是生活的真相。

你曾有过横刀立马的风光，也要做好平安落地，或者急流勇退的准备；你贪恋成功的兴奋喜悦，也得有坚强面对失败的勇气。

感情也是如此。恋爱时，你曾为初尝甜蜜而满面春花，而你一旦真正爱起来，才慢慢明白，没有一场爱情从始到终是一帆风顺的。你一直以为只有自己的爱情才是普天之下最刻骨深情的爱，其实那不过是芸芸众生里最普通不过的一粒凡沙。你曾历经风花雪月，也要慢慢习惯柴米油盐。

人生这场博弈，面对得失，你必须慢慢修行，修行到能够从容地看待：得之我幸，不得我命。天底下，不一定非什么东西就一定得是你的，不一定什么事情都听你的安排。

生活也不可能每天都像打了鸡血一样亢奋，急功近利的“过劳”，总有一天都要还回去，甚至得不偿失。

所以，真正生活的节奏应该是缓急有致，张弛有度，循序渐进，水到渠成，才牢稳持久。

当然，不是让你面对生活的挑战，步步退让，一概妥协，认命服输，而是让你在一种常态之下，可以保持永续前行的恒温与能量；是叫你敢于面对生活的无常，而不轻言放弃；是叫你在看清生活的真相之后，依然热爱生活。

也许，最终你没做成大官，你没发成大财，你没博得望名，但这丝毫不会影响你成为一个好爸爸、一个好妈妈、一个好儿子、一个好女儿。你尽职尽责，你躬行孝道，你抚儿育女，都是功德。你努力了，就是最好的，你用心了，便是不虚此生。

在这个世界，你永远都是独一无二的，所以不管你有多平凡，你也终会活成最骄傲的自己，拥有属于你自己的那一份“不虚此生”。

若你不放下，你就不普通

一个人若不普通，那么可能很好解释，比如，他身居要职，是大官，是个大领导；或者他非常有钱，创下了百年基业，富可敌国；或者他名气很大，学富五车，著作等身；或者才艺非凡，星光璀璨，风光耀眼……

或者连一个小孩子也可不普通，他聪明过人，风华少年，前途无量。

然而，若说一个人普通，反倒没有什么解释了，比如一个普通的妈妈、一个普通的爸爸，一个普通的孩子。我们没有办法用一句话去诠释一个普通的角色，因为这个普通的角色，却往往承载了太多内容，比如，她要耗尽一生的心血去做一个好妈妈，并且坚定，毫不退缩，一直努力到老。她可能受过很多累，受过好多苦，甚至包括受过太多委屈，含辛茹苦，却从不肯停下脚步。我们没有办法用一句话来形容她一生的爱与坚持，因为那太简单，也太轻视了。

她虽然是一个普通的妈妈，但她却非凡勇敢地爱了一世，并毫无保留地用一世的爱去好好爱她的孩子。

好爸爸也是如此，他也曾是那个心怀理想的追风少年，也想过要潇洒走江湖，仗剑走天涯，只是一旦他身上有了责任，心里有了担当，他便一步比一步走得更加坚定，也更加从容。

他可以在外面的世界练就一身钢筋铁骨，心如坚石，但却能把最温暖的柔情留给他的孩子。哪怕自己一身是伤，哪怕曾向世俗低头，放下世人眼光里的尊严，但在做父亲这个普通的角色上面，他从来都坚如磐石，不可动摇，永远希望自己能做到最好。甚至，常常为做得不够好而自责。他希望他的儿子有一天能成为比他更强大的男人，希望她的女儿将来能遇到一个比自己更爱她的人。

这都是一颗普通之心，但却要用一生去完成。它普通吗？它的确是普通的，但却要用那么多的不普通去走过漫漫长路，努力抵达。

一个孩子亦是如此，他普通如是，但我们却对他抱有那么多的期望：期望他健康、快乐，慢慢长大；期望他能知学上进，成绩优秀，懂事有爱，走上一条成功路，也走上一条幸福路。但这一切，都要付出非凡的努力和心血才能达成所愿，又或者不尽完美。

天下从来就没有完美的事，但天下都是追求完美的人。拥有完美，可能不是人生最终的意义，而是我们一直怀着的那颗追求向上的心。

你努力，你得到；你付出，你收获，这才是人生永远值得骄傲的状态。就像我们，可能从事着一份普通的工作，但我们却可以在这普通之中完成最好的自己。

有些幸运，只是幸运，而永远的幸运是：你喜欢你的角色，你用心去完成它，这是你的本分，也是你能够走向非凡的唯一途径，世间所有走到非凡的人，都是把那些普通的小事做到极致的人，就像参天大树都是一枝一叶长成，万丈高楼皆是一砖一瓦垒成。

凭空而起的，不是幻相，就是海市蜃楼，闭眼是浮云，睁眼仍是浮云。唯有踏踏实实攥到手里的，才是别人夺不走的拥有。经书万卷，一颗佛心就能装下，没有佛心，万卷也是徒劳。做一个普通人，做一件普通事，一份普通的工作亦是如此。

你爱你的工作，即是对自己角色的认同，也是对自己选择的尊重，更是对自己人生的最好负责。你用心待它，它亦能回报你万千气象。

就像土地，它从来都是那么普通，但却能长出遍野碧绿、满山苍翠，也能开出美丽耀眼的花朵。

所以，不要怨艾你的普通，更无须轻视自己的平凡。人间大道，都是平凡之路。你从这平凡、普通之中，一心爱它，努力到底，便有非凡的光华，一身的光芒。

青丝少年有韶华，白发老来亦风华。每个阶段都有每个阶段的美丽，也都有每个阶段的希望。每一个普通的角色，每一份平凡的工作，也都有它非凡的责任与担当。

那幸福，唯有靠你自己的努力才能得来。在最普通的地方，做那个最不普通的自己吧。

我没靠山，我就是山

金生是个穷光蛋，从考上大学的那年，家里为了他能顺利去上学，把能卖的几乎都卖了，这才凑够了学费。

金生的生活费只能靠他自己挣。大学四年，金生做了无数的兼职，打了数不清的零工，终于顺利毕业了。

毕了业，金生还是个穷光蛋。有人有门道的，去了机关、国企，有人有钱的，回家打理家族企业。金生只有四处投简历，不断求职。

金生挣的每一分钱，都是血汗钱。然后在这个不同情弱者的世界，一步步艰难前行。

金生没有房子，也没有姑娘敢跟他谈恋爱。他只剩下孤独的倔强，和偶尔脆弱的眼泪。但他一直咬着牙，对自己说：“怎么也得好歹活下去。”

金生不断地努力，也不断地受伤，然后也不断地学会坚忍，学会面对，学会勇敢。他终于没让自己失望，也没让这个世界失望，关键是没让他含辛茹苦的乡下父母失望。

金生32岁的时候，跳槽到一家外企，日子开始风生水起。在河北固安贷款买了房，三年后跟一个护士结了婚。

现在6年过去了，金生的儿子三岁了，河北固安的房子也卖了，换到了北京的六环，以后孩子托幼、上学都有了着落。

金生没什么可靠的，老天没为他准备好任何可以靠的东西，他靠的只有他自己。

社会有时候残酷到令你直逼灵魂深处的底线，世界也从来不是你想象的如意模样。

当你发现自己在这生存的丛林，不过是一个小小的角色。你唯一的选择就是：让自己强大。除此之外，没有更好的选择。

天下，从来没有一种工作叫“钱多、活儿少，离家近”；这个世界，也从来没有一种生意叫“不操心、不受累，不费脑筋”，坐等金银送上门。

人活着的要求可能并不高，老少无忧，自己好。但每一种活法儿，都各有各的苦衷与烦恼。

在中国，绝大多数的家长都不希望自己的孩子走自己的老路，而是心怀迫切的愿望，希望他能过上另外一种人生。

一些人，福临祖德，拼爹摆家底，而太多人，无依、无福、无靠山，一切都得靠自己。一些人，活得轻松风光自在，而更多人活得半生血汗劳碌苦奔忙。

“要什么靠山，老子就是山。”这样的男人才是真正的汉子。

拼刀剑，从没怂过；闯天下，一身是胆。成者王侯败者寇，我认了。但从来都不会，还没上阵，就唯唯诺诺自认是个软蛋。

人与人，不一样。有些人，为一口气；有些人，就是为有口气儿。

像个英雄，不是一味地好勇斗狠，而是心里装着自己的天，肩上担着一身的责任，包括信仰。

责任，这个词曾是做人的基本。良知，这两个字，曾是人的底线，如今，成了人们追求的境界。以前不能做的，为人耻；现在，能做到的，被人仰。看只看，你活得一身磊落，还是满身铜臭。钱，其实是天下最干净的东西。只是，有些人把它弄得太脏了。所以，脏的从来都不是钱，而是丑陋的灵魂。

男人，年少时，活得是游戏；长大后，活得是追求；中年后，活得是一身责任与担当。

男人的好坏，不论眼下他过得得意与否，关键在于他有没有一颗强大的心，和是否努力的姿态。

别艳羡什么家底儿，也别计较什么靠山。家底儿是爹的，爹有老的时候；靠山只是靠山，靠不了一辈子。

要什么靠山，你就是山。要做山一样的男人，你不能倒，因为你身后空无一人，靠得只能是你自己。

一个男人最大的光辉，不是有靠山而牛气，而是自己努力成为山，闯下一片江湖。做男人，别让你的父母担心，别让你的女人失望，别让你的儿女瞧不起你。站直了，别趴下。挺立着，别退缩。

生活终会回报你应得之得，你也终会长成那棵参天大树，顶天立地，一身耀眼的光芒。

06

从容坦荡，总会有人为你喝彩

人生有太多的事要面对，诸多人疲惫不堪，只被世俗劳碌绑架追赶，他来不及享受所谓拥有的幸福。因为他的拥有之于这个世界，真的算不了什么，况乎他仅有的拥有，得来的都那么万般艰难。

而又是什么人，能够活得从容不迫、淡定如菊，也能充分享受幸福呢？这样的人，必定是坚定初心的人，知道自己最想要什么，最在意什么，而不被其他左右。无论世道如何艰难复杂，他都毫不怀疑自己的坚持，一心努力活出自己的精彩。

有人说，得有钱，有足够的钱，有钱是最大的能量体现，有钱可以解决一切困扰的烦恼。其实这只是穷人的逻辑，因为他们受够了没钱的苦与难，所以才天真地幻想：有钱就能办到一切。

对于穷人来说，能想到的一切非常有限，不过是房子、车子，为所欲为的纵容与消费。而富人的逻辑是：凡是能用钱办到的事，基本都不是难事，难的是那些用钱办不到的事。

而有些人恰恰是在没钱的时候丢掉了最宝贵的东西，在有钱时又无法把它买回来。

其实仔细想想，我们永远做不到让所有人羡慕，也做不到让自己一直满意。世界太大，我们太渺小，无论你怎么努力，你都买不下整个世界，无论你拥有多少，你都不会一直满意，因为人心是个比世界更大的世界。

多少人为得权势，奴颜媚骨，甚至不择手段，做人没有底线；多少人为获财利，无所顾忌，坑蒙拐骗，做事没有底线；多少人麻木到“做坏事的又不止我一个”。

世间其实没有那么多傻瓜，只是有的人做了坏事可能一时得势，而没做坏事的也可能一世庸庸碌碌。到底这世间有扭曲的得意，也有无奈的落魄，都不是最好的下场。

最好的是：我有我心，坚毅从容，凭借自身能量，付出智慧或力气，得到自己之所需。不媚上，也不欺下，不逢迎，也不卑颜，更不匪夺巧骗。

关键是你如何修炼成这样的人。一是要有自我，所谓自我就是自尊、自爱、自强。不要轻易因为世俗的评判怀疑自己的坚定。遵从内心的努力才能永不惧疲倦，也不畏艰难的努力。古往今来的，有所作为的人基本都有坚定的内心，而不是只靠一时的运气，更不是靠出卖嘴脸。二是要有果决的勇敢，不被世俗的凶险所吓倒。大丈夫宁可败，不可降。没有这份气概，你做不了英雄，也成不了气候，不是蝇营狗苟的“墙头草”，便是庸庸碌碌的凡夫走卒。三是要有庞大的格局，一个没有格局的人，也许能做到衣食无忧，但绝对不可能建功立业。一个只顾眼前的人，他能看见的只有方寸，走的也必定不是大道通途。

什么是幸福？不是别人有什么，你就有什么。而是你能努力到最好，就是不败。世间没有两条完全相同的河，也没有两棵完全相同的草，更没有完全相同的命运。所以，不要过于期望和别人活得一样。别人，永远都是别人，你要一生都想活成别人的样子，那这一生也太苦、太累、太无趣了。咱是咱，老瞧着别人的活法而活，真是有点儿愚蠢，也不值得。

你就是你，活出你自己的精彩来，总会有人为你喝彩。就像这朵花，寒冬来了，霜雪来了，依然勇敢忘我地绽放。

07

风雨路上，不要收起那对梦想的翅膀

这时，也许你正为什么而忙碌着；或许，你不忙。

也许你因为某种角色，父亲、母亲、儿女，领导、员工，或者你只是你自己的“自由人”。你为这个角色正全力承担着你的责任。

也许你疲劳地应对着各种繁杂、琐碎之事，甚至背负着环境、规则还有生活的重压，而你是那个必须躬身前行的人。

或者，你正收获人生幸福到来的欢喜。比如，新生的儿子、女儿，那个天使般的小家伙，把你的生活填充得满满的。也许有着各种忙乱，比如你的孩子考上了理想的学校，比如他（她）谈了心仪的对象，比如他（她）成家立业，开始真正的生活。

或者，你有了儿孙绕膝的天伦之乐。或者，你也正拥有自己的一份人生得意。或者，都不是这样，你并不开心。比如，幼儿生病，孩子上学成绩不好，比如他（她）的工作没有着落，或者他（她）不争气，甚至闯祸。或者，老人身体不好，你既慌乱担心，又愁又忙。

或者你为世俗所累，你为钱财发愁，你感情上受伤；或者，你陷入人生的低潮，烦恼纷扰，甚至被无奈纠缠，被痛苦束缚。

或者，这些都没有，你只是过着一份平凡的日子，烟火琐碎，微温流年，清淡时光。

这就是生活的万花筒。你只是其中小小的一种颜色。

你也许正在追问：“我是谁，我去哪儿，为了什么？”或许，你无须考虑这个头疼的问题，把一切交给生活来解答。

当你高兴、欢喜时，你幸福地懂得你是谁，你在哪儿，你为了什么；当你不高兴时，你也会追问，曾经不羁的努力和不惜的付出，又“为了什么，我是谁，我要去哪儿”？

世间有许多值得，也有许多不值得。当你慢慢发现生活的真相，你终于变得不那么急躁，也不那么急功近利，你有了那份淡定与从容。没什么是非得到不可的，也没什么是不可失去的。而你只是在成败之间，不息地进行着你的战斗，在得失之间，体味着人间的冷暖炎凉。活出自己的那份精彩，或者守着自己那份平凡的生活。

也许，你在这世界的某个角落，某个场所，一直重复，每天循规蹈矩，一成不变。你偶尔厌倦，却不能逃离。

生活永远存在推不倒的真相，也存在无法更改的荒诞。你能改变的，只是你的眼光。

人生就是一场场不期而来的风雨，你撑着那把命运的雨伞，走过千山万水，期待着阳光，盼望着彩虹。人生每一道彩虹，都是走过风雨换来的，因为稀缺，所以珍贵，因为美丽，所以难得。

怕的是你因为雨季太长，缺乏耐心与坚强。或者不小心淋湿了自己的那颗心，沮丧失意地在路旁边哭泣，停下了前行的脚步。

春暖花开都是容易的，不容易的是枯木逢春，青葱再来。你因为风雨，眼里看到的全是风雨，那你的人生也只能都是风雨；你在风雨中穿行，心里却怀着阳光，那你也必将看到阳光。

急功可以，近利也行。但那只是一时得意，关键还是看谁走得更远、更稳。人生的捷径都是风光一场，而由心的从容才是远行的大道。一切起点与终点，都不过是个标记。而在路上，才是你人生的常态。

风雨也好，平凡也罢。你是否一直张着自己那双梦想的翅膀？那双翅膀你是飞行一生的资本，也是你应对生活的能力，包括耐力和勇气。

你可以走得慢，你也难免会受伤。关键是你因痛而止步，还是怕伤而退缩。“没人能随随便便成功”，这不是一句空话，也不是一碗“鸡汤”，更不是一味解药，而是一个道理，也是人生必须的担当和走到最后的智慧。

你曾年少风华，心怀世界。但你终有一天，会走进生活的战场。那个战场，比你想象的更残酷，比你意料的更难敌。你可以收起翅膀做一个妥协的偏安者，也可以折断翅膀做一个失败的“英雄”，当然，你更有权利做一个不低头的勇者。

一切都是你自己的选择，被这个世界俘虏，还是站到这个世界之外冷观，那是你的自由。

当你失去翅膀，你便不再拥有天空。当你收起梦想，你就忘记了飞翔。“海阔凭鱼跃，天高任鸟飞”是给那些不馁者准备的。你喜欢坐拥平凡，也能安然幸福。你若不懈飞翔，终会海阔天空。走过，方知来路；路过，才有风景；有过，方知不易；舍过，才知难得。

人生就是一场风雨征途，你淋湿了，笑看彩虹，便是风景，你哭迷了眼睛，便是迷茫。生活是一味甘苦自知的良药，你喝下去，就懂了好坏，你守着它，永远都是无知。

愿你在开心时，花开一路风景；愿你在落寞时，仍从容地祈愿。也许天真，但一直天真，就成了勇气，一直勇气便化成了智慧。

亲爱的你，不管在怎样的生活里，请摸一摸你那双曾经为梦想飞翔的翅膀，理一理也许老化或者受伤的羽毛，试着将它重新展开。终有一片天空为你准备，任你飞翔，也任你自由，凭你勇敢，也叫你幸福。

你被现实扇了多少耳光，请你都抽回去

城市，是一座永久的迷宫。无论何时都有停不下脚步的人，执着地寻找答案。兜兜转转的循环，总以为下一步就是幸福的出口。财富，从来都是诱人的糖果，太多人趋之若骛，为之奔波疲惫缠身，有时还放弃尊严，迷了路。

得到的快意总在一刹那灿烂，然后继续被漫长无期的争逐淹没。幸福都是一瞬间的，抵不过万千日夜的烟火。琐碎平凡像一张巨型的网，覆盖了你黯淡无彩的人生，而你依然努力地坚持，只为流星闪现的光芒。你用心努力开放，得到虚荣的赞美，也遭受欺骗的伤害。你以为别人的心都能和你一样真诚，到底却被现实结结实实地扇了响亮的耳光。你希望可以公平交易，但终被欲望势利给了一记重拳。

你没用，便没人找你，你的贵在于你有用，你努力向往并辛苦得到安逸、自由。到头来却发现是一座自己无法打开的牢笼，而钥匙掌握在别人的手里。而当初那个人拿着诱人的甜果，那是俘虏你的诱饵。你试图用你的真诚，甚至你的服从、你的软弱来感动别人，期望得到怜悯，结果是滑稽可悲的，因为你永远叫不醒一个装睡的人。

你终会困顿某一种生活，为生存与生活背负沉重的枷锁——有人背负了半生就倒下，有人背负了一生，平庸苦恼到老。

而你的海阔天空，终是少年时幸福的天——幸好还有一个人在意你的这份天真，他（她）一路陪着你，不离你的左右，带你走过一路花香，也走过一路风雨。

你陪着他（她）一天天老下去，从相互心疼，到相互搀扶，到相互依靠，到最后只剩下无言的陪伴。

你们终于也还击现实一个漂亮的耳光，然后以更坚强的骨骼抵抗现实的残酷冷峻，至少要有那份倔强的勇气，来保护你的“天真梦想”逐渐茁壮强大。不要让你的“天真”真的被嘲笑、打击到自认为也是幼稚、不切实际的天真。其实这世界上伟大的事，往往都是天真的人做出来的；那些创造过奇迹的人，也往往都被嘲笑和怀疑过。关键是，他们把那份天真，从始至终坚持到底，虽有过痛苦徘徊，但从未放弃

我害怕过，退缩过，怀疑过，但唯一不向你投降。所以，愿你依然天真，学会坚强，遵从内心，走过现实，踏遍荆棘坎坷，一路到达你梦想中的春暖花开。就算不能，你也要让那个梦想一直温暖着你，最起码活成了内心幸福的样子，而不是现实中丑陋的自己。

愿你如初时美好，亦有现世的坚强

每个人都曾有过最好的自己，少年锦时，风华正茂，雄姿英发地心怀远方、心怀世界。尽管不知世界的庞大、生活的纷繁、现实的艰辛，却拥有那么一片广阔的心。

或者你豆蔻年华，身姿娇美，顾盼之间都是楚楚动人的青春，临水照花，也有一番别样甜美的心。

你拥有这一身丰富的美好，走过千条万条路，一座又一座城，或者只是一片小天地，却都是骄傲的身影。因为你有万金不换的青春。

愿你拥有至交的朋友，风雨相助，肝胆相照，喜时把酒言欢，忧时可以互诉衷肠；愿你在最美的时候、最好的年华，能碰到刚刚好的爱情，有相识相知的欢喜默契，有相依相偎的温暖，也有喜极而泣的眼泪，一路花径，一心遂愿，都是自然平常的水到渠成。

或者一切并不那么顺利，风雨坎坷，挫折伤害，你遭遇了那么多，面对了那么多，承受了那么多，也改变了那么多，只剩下为数不多的坚持。那些所剩不多的坚持，就是独一无二的你。

无论这世界如何改变，现实如何流俗坚硬，重压的逼迫，这世上终不会有另外一个你。

你就是你，你终倔强着你最后的底气。那便是你不同凡响的光芒。那份光芒也是你继续前行的勇气，还有初心不泯的希望，然后终有一天，修炼成洪荒之力，活出你想要的精彩。

所以，不要忘记“你从哪里来，你是谁；你想要到哪里去，你为谁”。这不是深奥、空虚的哲学，只是一份简单的力量，树向上长，天空的召唤；花向世间开，美丽光阴看；人是不停奔跑在梦想的路上，生活终会给你想要的，也终会让你释然失去的。

世界再庞大，也总有醒目的地标；生活再繁复，也总有鲜艳的色彩；你再不易，也总会尝到某些甘甜。那便是你不放弃的理由。

愿你千山万水不忘来时路，愿你风行雨涉仍有梦在心；愿你如初时美好，也有现实的坚强，活出最想做的那个自己。

君心若真，我情才深

这是一个追名逐利的时代，似乎所有“没有用的事”和“没有用的人”，都不被重视，包括不被尊重。

一些人，呼风唤雨；而有一些人，苦苦挣扎。你是哪一类呢？

太多人是在用舌头舔着刀尖在谋利、求生。有事求人，再摆答谢宴席，那不过是个酒局；经常与之喝酒，也可能只是一场热闹的哥们欢宴。唯有一年不喝酒，甚至五年不喝酒，或者半生都未曾得以重聚，你们还是相互惦念，两杯清茶都能无拘无束，畅谈人生风雨、俗世冷暖，才是知己。

这年代，你可能有伙伴，有哥们，有酒友，有朋友圈，有闺蜜，有死党。你们无话不说，吃喝不分，共担风雨，也一起笑骂，但你的人生终究缺一个知己。

所谓知己，就是你灵魂深处的知音，你们心性相近，或者“臭味相投”。也就是说，你们生命的味道在这个世界上是一样的。优点都同样闪光，缺点都各不相厌。

江湖朋友多，知己总难求。因为可遇不可求。所谓知己，是你们可能说上三天的话，也不觉累，三天不说一句话，彼此也不尴尬。因为你们都能时刻感应到彼此的气息。

世间太多的美好，都是两两相随的，比如并蒂荷花，比如好事成双，比如两情相悦，比如两两不忘，比如两小无猜。所以，知己，都是一个，别无第二。

知己，就是你生命的另一份光芒，时刻照耀着你生命的全部，你风光荣耀时，他同你一起灿烂；你失意悲伤时，他不离不弃地为你亮着他全部的光芒。

愿你有俗世的热闹悲欢，也有灵魂知己的安宁。

眼下大家都被生活催赶，终日忙忙，累年碌碌，遇见很多人，一些成为朋友，一些转身遗忘。人心都是讲计较的，这是人的本性。你若真心，我才真心，你待我好，我自然也会待你好。

有句俗语说“人心换人心，四两换半斤”，不免让人生疑：这不是明显地有所贪图吗？拿四两去换人家半斤？

其实，不是这个意思，而是说：自己真心实意地付出了四两，却换来了对方同样真心盛情的半斤回报。天下没有绝对对等的感情交换，不是我给你一个桃，你再给我一个桃，我们就是公平对等的感情，而往往是投之以桃，报之以李。不是要绝对地去计较形式，而是鼓励人们用真心去对待别人，才能收到好的回报。

人都不傻。谁比谁也不缺多少心眼，只是有的人赤裸功利，有的人不爱计较。有的人，只贪眼前欢，不顾日后长；有的人，从容付真心，来日有多获。

然而，现实从来都不完美。一路上，不一定你总是得到什么，但一定会失去什么。

好多人，走着走着就散了；好多情，处着处着也淡了，其实都是真心付得不够、不久。再好的关系，不持久地用心相待，时间久了，也会淡化；再深的情感，如果不被好好珍惜，早晚也会心凉。

君若真心，我情始深。所以，不要因为一时赌气，把你爱的人推开；也不要总是疏忽，弄丢了那个爱你的人。

不被在乎这种事，不用费脑子想，人人都有感应。君心是真的，我情也才能是真的。只有真心，才能长情。前路迢迢，唯愿君安，满心的力量，一身的阳光。

11

天寒到极致，推开那扇门，春天来了

天寒到极致，春便来了。就像夜尽了，即是黎明。

世间万物的转换，都是一场轮回，和一瞬间的转变。雪化时，小草已在地下开始苏醒，抬头挺身、翘首，随时准备破土而出。林间的歌声、鸟语花香，也都在悄悄准备破壳。

春天真的不远了。你也准备好了吗？你的春天也正跃跃欲试，在你的身体里，在你的希望里，满是郁郁葱葱，也必将迎来绚丽的万紫千红。

你必将和春天，有一场盛情的相遇。人间最美的相遇，是我们没有早一步，也没有晚一步，恰恰好！恰好的你遇到恰好的我，亦在最恰好的时光。

一切像从未准备，一切又像命中注定。一场青春，开到艳漫无比，最纯粹的年华宛如霞光万丈，从未有辜负二字。

岁月是把杀猪刀，杀的是脆弱的容颜，杀的是年少痴嗔的卿卿我我，唯一杀不掉的是初心如磐石。现实的镜子满目疮痍，你唯有努力照出最漂亮的自己，笑对烟火，坦对苍老。于薄凉处开出骄傲不败的花朵。

茫茫的世界，我们在外辛苦打拼，谁都有不容易。但不容易不能成为我们做缩头乌龟的理由。城市的夜再冷，至少有一张床是为你准备着取暖的。

无论你怎样贫穷，如何艰难，你总会为自己找到一个收留自己的地方。那个地方容留下你的孤独，也容留下你孤独的闯荡。它收留你疲惫的奔忙、受伤的委屈，叫你歇好了继续明天的江湖。

星空再遥远，书桌上的花香依然很近、很真实；追逐的路上，总有你一直向往的光芒，也总有你短兵相接的刀剑，也有你默默盛放的花朵。

不灰心，不放弃，不妥协，总有一片阳光照耀你。不要好高骛远，异想天开，踏踏实实做点儿实事。一个人能踏实地做点儿事，勤勉有加，是自己的本分。然而你又可以不陷于这些机械重复的事务，与世碌之外保有一份独有的情怀，高瞻远瞩，不懈追求，才能驾驭世碌，而不败于世碌。总有一天会大道通途，春暖花开。

就像大树，扎根于平凡的泥土，伸展朴素的枝叶，亦能有一树指天的葱茏，开出娇艳不凡的花朵。

坦对四季平凡，乐享人间丰满。没有谁的人生是一帆风顺的。

别羡慕别人的生活，别抱怨自己的窘困，也别认为世界是不公平的。其实世界的真相永远都是：你努力，你得到。不过只是早与晚的区别。

天下从来没有不劳而获，也没有永生不变的天堂。马云不是一夜暴富，他也曾默默无闻。那么多草根英雄，你只看到他的耀眼光环，不熟知人家背后的血泪辛酸。

你的不甘心，不能只用来浮躁，而应该更清晰地看清自己，找到自己可以振翅飞翔的天空。静下心来，积蓄力量，慢慢成长，苦心修炼，才终会长成最好的那个自己。

每个颠沛流离的人生，都是为了更好地谋生；每个平凡的烟火小家，也都是为了更好地保持幸福。而幸福的定义，不过是我们都如此尽力地负好自己的责任，在爱面前，我们永不低头。